"十二五"职业教育国家规划教材

经全国职业教育教材审定委员会审定

普通高等教育"十一五"国家级规划教材

高等职业技术教育机电类专业系列教材

机械工业出版社精品教材

数字电子技术基础

第 3 版

主编　田培成　沈任元　吴　勇

参编　唐俊英　郑英兰

主审　梁　森

机械工业出版社

本书是"十二五"职业教育国家规划教材、普通高等教育"十一五"国家级规划教材,经全国职业教育教材审定委员会审定。

本书第1版是机械工业出版社1997年开始组织编写的,参照原国家教委1990年7月制定的《高等学校工程专业电子技术基础课程教学要求》,并在机械工业电类高职教育教材建设协作组1998年会议精神指导下进行了编写。自2000年出版及2009年第2版修订以来,得到了很多学校师生的认可,被许多高职院校选为教材,得到了广大师生的关心,也积累了一些有价值的反馈意见。根据高等职业教育的发展和电子技术的发展,这次我们在第2版的基础上再次进行了修订,继续贯彻理论与应用相结合的原则,删除了部分较为陈旧的内容,充实了一些新的内容,对原章节进行了调整,将原应用篇的内容精简后编入前面对应的章节,更正了原教材中的部分疏漏和错误,使教材更符合当前电子技术课程教学的需要,更有利于课程的教学和知识的应用。

全书共8章,包括数字逻辑基础、逻辑门电路、组合逻辑电路、触发器、时序逻辑电路、脉冲信号的产生与变换、数-模(D-A)和模-数(A-D)转换、半导体存储器和可编程逻辑器件等内容。其中半导体存储器和可编程逻辑器件以及各章中加"＊"号的内容为选学内容,供不同专业和不同层次的学生选择。各章均选用了部分典型应用电路作为应用实例,以培养学生理论联系实际的能力。各章附有的习题类型丰富,包括填空题、选择题、判断题和分析计算题(综合题),教师布置作业时可根据需要选择不同的题型,同时方便教师出考题。

为了方便教学,本书配有免费电子教学资料(习题解答、电子课件),供教师参考。凡选用本书作为授课教材的学校,均可来电索取,咨询电话:010-88379375,Email:cmpgaozhi@sina.com。

本书可作为高职高专院校、普通高校大专班、成教学院、职工大学的电类各专业的数字电子技术基础课程教材,也可供普通高校本科有关专业的师生及从事电子技术的工程人员参考。

图书在版编目(CIP)数据

数字电子技术基础/田培成,沈任元,吴勇主编.—3版.—北京:机械工业出版社,2015.2(2024.8重印)

"十二五"职业教育国家规划教材

ISBN 978-7-111-49459-1

Ⅰ.①数… Ⅱ.①田…②沈…③吴… Ⅲ.①数字电路—电子技术—高等职业教育—教材 Ⅳ.①TN79

中国版本图书馆CIP数据核字(2015)第037602号

机械工业出版社(北京市百万庄大街22号 邮政编码100037)
策划编辑:于 宁 责任编辑:于 宁
版式设计:霍永明 责任校对:张 薇
封面设计:鞠 杨 责任印制:常天培
固安县铭成印刷有限公司印刷
2024年8月第3版·第13次印刷
184mm×260mm·11.75印张·268千字
标准书号:ISBN 978-7-111-49459-1
定价:39.00元

电话服务 网络服务
客服电话:010-88361066 机 工 官 网:www.cmpbook.com
010-88379833 机 工 官 博:weibo.com/cmp1952
010-68326294 金 书 网:www.golden-book.com
封底无防伪标均为盗版 机工教育服务网:www.cmpedu.com

序

　　职业教育指受教育者获得某种职业或生产劳动的职业道德、知识和技能的教育。机电行业的职业技术教育是培养在生产一线的技术、管理和运行人员。他们主要从事成熟的技术和管理规范的应用与运作。随着社会经济的发展和科学技术的进步，生产领域的技术含量在不断提高。用人单位要求生产一线的技术、管理和运行人员的知识与能力结构与之适应。行业发展的要求促使职业技术教育的高层次——高等职业教育蓬勃发展。

　　高职教育与高等工程专科、中专教育培养的人才属同一类型，都是技术型人才，毕业生将就业于技术含量不同的用人单位。高等职业教育的专业设置必须适应地区经济与行业的需求。高等职业教育是能力本位教育，应从职业分析入手，按岗位群职业能力来确定课程设置与各种活动。

　　机械工业出版社出版了大量的本科、高职高专、中专教材，其中有相当一批教材符合高等职业教育的需求，具有很强的职业教育特色，在此基础上这次又推出了机械类、电气类、数控类三个专业的高职教材。

　　专业课课程的开发应遵循适当综合化与适当实施化。综合化有利于破除原来各课程的学科化倾向，删除与岗位群职业能力关系不大的内容；有利于删除一些陈旧的内容，增添岗位群能力所需要的新技术、新知识，如微电子技术、计算机技术等。实施化是课程内容要按培养工艺实施与运行人员的职业能力来阐述，将必要的知识支撑点溶于能力培养的过程中，注重实践性教学，注重探索教学模式以达到满意的教学效果。

　　本教材倾注了众多编写人员的心血，他们为探索我国机电行业高职教育做出了可贵的尝试。今后还要依靠广大教师在实践中不断改进，不断完善，为创建我国的职业技术教育体系而奋斗。

赵克松

第3版前言

《数字电子技术基础》第1版是1997年开始编写的，2000年正式出版，2009年进行了修订，出版了第2版。本书自出版使用以来，得到了很多学校师生的认可，被许多高职院校选为教材，也得到了一些荣誉，被评为"十二五"职业教育国家规划教材、普通高等教育"十一五"国家级规划教材，机械工业出版社精品教材。随着科学技术的不断发展，同时针对目前高职的教育现状与广大师生的反馈意见，以及《数字电子技术基础》第2版教材存在的一些不足，我们对第2版进行了修订，根据数字电子技术的发展补充了一些新的内容，如可编程逻辑器件PLD（包括CPLD及FPGA方面的介绍），对一些章节的内容进行了调整（如关于卡诺图的内容），删除了应用篇（第八至第十四章），将应用篇中部分典型的应用电路编入前面对应章节，作为应用实例。另外，现代高职教育提高了对学生实践能力的要求，理论课时数减少，这次修订对原教材的内容进行精简，删去了部分实用性不强的内容，以适应高职教育的需要。

本着"理论够用为度，培养技能，重在应用"的原则，本书在讲清基本概念和基本原理的基础上，注重集成电路以及新器件的介绍和应用，强调了理论联系实际。本书的特点是：

1）数字电子技术基础是一门专业基础性质的课程，本书在基本原理、基本概念的讲述中概念清晰、准确，以"必须"和"够用"为原则。对于电子器件只简单介绍其工作原理，着重介绍其外特性，重点放在使用方法。

2）各章均附有习题。习题类型丰富，包括填空题、选择题、判断题和分析计算题（综合题），教师布置作业时可根据需要选择不同的题型，同时方便教师出考题。

3）为配合基础理论的学习、扩大知识面，各章节均选用了部分典型应用电路作为应用实例，使学生能将所学的理论知识与实际应用挂钩，培养学生理论联系实际的能力。

4）为加强学生阅读专业外文文献的能力，教材中首次出现的电子技术名词之后附注了英文。

5）增加了选学内容，将第八章半导体存储器和可编程逻辑器件和第七章的部分内容加"*"号作为选学内容，供不同专业和不同层次的学生选取。

为方便教师授课，本书备有免费电子课件和习题解答。

多年来，我们的教材得到了广大教师的支持和关怀，一些教师也针对教材存在的问题提出了中肯的意见，在此，谨向他们表示衷心的感谢！

　　本书第 3 版由西安理工大学高等技术学院田培成、上海电机学院沈任元、无锡职业技术学院吴勇担任主编，邢台职业技术学院唐俊英、沈阳职业技术学院郑英兰参加编写。本次修订工作由田培成老师主持并进行全书的统稿，同时编写了新增添的内容。

　　由于我们水平有限，新版教材中肯定存在着一些疏漏和不妥之处，恳请读者批评指正。如有问题、意见及建议，请联系我们。Email：peichengtian@163.com。

编　者

第2版前言

自《数字电子技术基础》第1版出版以来，已经8年过去了。我们在第1版教材中坚持按照高职高专工程技术教育的人才培养目标，对数字电子技术基础理论课进行了深化改革，强调理论与应用相结合的原则。因而在第2版改版之际，又改写了部分内容，增补了各章的练习题，引导学生能运用基本概念、基本原理和基本分析方法来提高分析问题的能力，目的是更有利于课程的教学和知识的应用。

为了给任课老师提供教学支持，我们编写了配合本教材的多媒体CAI课件（含全部习题的讨论课件）。值得高度重视的是在讲授本专业知识和理论的同时，必需特别注重学生专业能力的培养和实际动手技能的训练，注重学生解决问题和自我知识更新的培养和训练。

多年来，我们编写的教材得到了各位老师的热情关怀和大力支持，在本书再版之际，谨向他们致以深深的谢意。

由于笔者水平有限，新版教材中的错漏和不妥之处，敬请读者提出批评和建议。

编　者

第1版前言

　　本套教材是参照原国家教委 1990 年 7 月制定的《高等学校工程专科电子技术基础课程教学基本要求》，并在机械工业电类高职教育教材建设协作组 1998 年会议精神指导下编写的。本套电子技术基础教材包括《模拟电子技术基础》和《数字电子技术基础》和《常用电子元器件简明手册》，在《模拟电子技术基础》和《数字电子技术基础》中都包括两部分内容，即"基础篇"和"应用篇"。

　　根据高等职业教育培养目标的要求，高职培养的人才必须具有大学专科的理论基础，并有较强的本专业技术应用的技能。高职教育培养的人才是面向基层、面向生产第一线的实用人才。这类人才不同于将学科体系转化为图样和设计方案的工程技术人员，而主要是如何把方案和图样转化为实物和产品的实施型高级技术人才。因此课程内容必然要按照培养目标来制订，由于电子技术涉及的各个领域发展非常迅速，电子技术教材的基本内容也必须逐步更新。特别是在大规模集成电路被广泛采用的今天，电子技术正朝着专用电子集成电路方向，以至向硬件、软件合为一体的各种电子系统集成方向发展，以硬件电路设计为主的传统设计方向也向器件内部资源及外部引脚功能加以利用的方法转化。只有培养学生会思考、会学习，才能跟上飞速发展的时代节拍。

　　本书在力求保证基础、掌握基本概念的基础上，注重集成电路以及新器件原理的分析和应用。编写中强调了理论联系实际和读图能力，尽量做到使学生既能知道"来龙"又可晓得"去脉"，从而提高学习兴趣，以利加强学生的专业意识，为此，我们编写的目标是：

　　1）电子技术基础是一门专业基础性质的课程，内容的安排上要遵循循序渐进的原则，由浅入深，由易到难。

　　2）在"基础篇"中，以"必须"和"够用"为原则。对典型电路分析时，不作过于繁杂的推导，一般只介绍工程估算法，有时只给出定性的结论。对于电子器件着重介绍工作原理、外特性和主要参数，重点放在掌握使用方法上，对分立元件组成的电路尽可能精简，明确分立为集成服务的方向，在数字电路中以 CMOS 集成电路为主。对精选的集成电路主要介绍它们的电路特点和基本应用。

　　3）各章均附有习题。有要求学生掌握基本概念、电路原理分析、重要参数的工程估算，以及集成电路的应用电路设计等内容。

　　4）在"应用篇"中，为配合基础理论的学习、扩大知识面，选材编排上力求与"基础篇"的各章节相对应，举一些实用的简化电子电路。在讲清基本知识和理论后，可采取课堂讲解、讨论或学生自学的办法，使学生对所学的理论知识能与实际应用挂钩，使学生能在更接近实际的氛围中进行学习。作为一本技术基础课教材，要能起到有引导入门和培养学生有创造、开拓的实际应用知识能力的作用。

5）为加强学生阅读专业外文文献的能力，在教材中首次出现的电子技术名词之后附注了英文。

6）为培养学生的读图能力，在《模拟电子技术基础》中专门有一章读图方法的介绍。目的是使学生熟悉电子电路的读图方法，来增强分析问题和解决实际问题的综合能力。

7）在《常用电子元器件简明手册》中选编了典型元器件的数据，便于理论教学、实践、实训和课程设计时查阅和选用。在讲述器件时要结合手册查阅器件符号、参数、外形等内容。

本套教材教学参考学时为《模拟电子技术基础》80～96 学时，《数字电子技术基础》60～80 学时，有关章节内容可根据各校专业要求及学时情况酌情调整。本套教材适用范围：普通高职、普通高校大专班、职工大学电气、电子类专业的电子技术基础课程教材。还可供中等专业学校或普通高校本科有关专业师生或从事电子技术的工程人员参考。

本书由上海电机学院沈任元、无锡职业技术学院吴勇担任主编，西安理工大学高等技术学院田培成、邢台职业技术学院唐俊英、沈阳职业技术学院郑英兰参加编写。具体执笔分工如下：在《模拟电子技术基础》中，郑英兰编写了第一、二、四章，田培成编写了第三章，唐俊英编写了第五章，吴勇编写了第六、七、八章，沈任元编写了绪论、第九、十、十一章。在《数字电子技术基础》中，郑英兰编写了第一章，田培成编写了绪论、第二、三章，吴勇编写了第四章，唐俊英编写了第五、六章，沈任元编写了第七章。沈任元、吴勇、唐俊英、田培成、郑英兰编写了《常用电子元器件简明手册》。

本书由上海电机技术高等专科学校梁森担任主审。1999 年 6 月在上海召开了本教材的审稿会。参加审稿会的有上海交通大学许鸿量教授、上海理工大学周良权副教授、上海发电设备成套设计研究所刘春林高级工程师、上海江森电视机厂王坦高级工程师、上海电机技术高等专科学校程叶琴高级讲师等专家。以上同志对本教材书稿进行了认真、负责和仔细的审阅，提出了许多宝贵的意见和修改建议，在此表示衷心的感谢。由于编者水平有限，书中不妥之处在所难免，在取材新颖性和实用性等方面定有诸多不足，敬请兄弟院校的师生和广大读者给予批评和指正。我们衷心盼望本书能对有志从事电子电路应用的读者有所帮助。请您把对本书的意见和建议告诉我们。Email：renyuan@ citiz. net。

编　者

数字电路常用符号一览表

一、文字符号的一般规定

1. 电压和电流

U_B, I_B	大写字母、大写下标 分别表示基极的直流电压、 电流量
U_b, I_b	大写字母、小写下标 分别表示基极的交流电压、 电流有效值
u_B, i_B	小写字母、大写下标 分别表示基极的电压、电 流瞬时值（含有直流分量）
u_b, i_b	小写字母、小写下标 分别表示基极的交流电压、 电流瞬时值
ΔU, ΔI	分别表示直流电压、电流 的变化量

2. 电源电压

V_{CC}	晶体管集电极电压
V_{BB}	晶体管基极电压
V_{EE}	晶体管发射极电压
V_{DD}	MOS 管漏极电压
V_{SS}	MOS 管源极电压
V_{GG}	MOS 管栅极电压

3. 器件符号

VD	二极管
V，VT	晶体管
V，VF	场效应晶体管，MOS 管
VE	电子管
G	逻辑门电路
F	触发器

4. 电阻值

R_B	基极偏置电阻（直流电阻）
R_{be}	基极、发射极间输入电阻 （动态电阻）

5. 逻辑变量

A, B, C, …	输入逻辑变量
L, X, Y, Z…	输出逻辑变量

二、基本符号

1. 电压和电流

U_I	输入电压
U_{IH}	高电平输入电压
U_{IL}	低电平输入电压
U_{BE}	晶体管基极–发射极电压
U_{CES}	晶体管饱和压降
$U_{IL.max}$	输入低电平最高电压
U_{IHmin}	输入高电平最低电压
U_{OH}	输出高电平
U_{OL}	输出低电平
U_{SH}	标准输出高电平
U_{SL}	标准输出低电平
U_{NL}	低电平噪声容限
U_{NH}	高电平噪声容限
U_{TH}	阈值电压
U_{T+}	正向阈值电压
U_{T-}	负向阈值电压
U_H	回差电压
I_{IH}	输入高电平电流
I_{IL}	输入低电平电流
I_{OH}	输出高电平电流
I_{OL}	输出低电平电流
I_{IS}	输入短路电流
I_{BS}	临界饱和基极电流
I_{CS}	临界饱和集电极电流

2. 功率

P_o	输出功率
P_{off}	空载截止功耗
P_{on}	空载导通功耗
P_M	最大允许功耗
N_o	扇出系数

3. 电阻、电容、电感

R_{on}	开门电阻值
R_{off}	关门电阻值
R_L	负载电阻值
C	电容器通用符号

L	电感器通用符号	d	MOS 管漏极
4. 频率		s	MOS 管源极
f	频率通用符号	CP	触发器时钟脉冲
ω	角频率通用符号	R	复位
$f_{\circ}$	谐振频率、输出频率	EN	使能端、控制端
f_{CP}	时钟频率	J, K	JK 触发器输入端
f_{max}	最高频率	T	T 触发器输入端
5. 时间		DSR	移位寄存器右移串行输入端
t	时间通用符号	DSL	移位寄存器左移串行输入端
T	周期、温度	Q	触发器、计数器、寄存器状态
τ	时间参数		输出
t_{on}	开通时间	Q^n	触发器输出初态
t_{off}	关闭时间	Q^{n+1}	触发器输出次态
t_{pd}	平均传输时间	TG	传输门
t_{re}	反向恢复时间	TSL	三态门
t_W	脉冲宽度	**7. 参数符号**	
6. 器件、电路的引出端		β	共发射极电流放大系数
b	晶体管基极	α	共基极电流放大系数
c	晶体管集电极	g_m	场效应晶体管的低频跨导
e	晶体管发射极	q	占空比
g	MOS 管栅极		

目 录

绪 论

一、数字电路的特点

电子电路所处理的电信号可以分为两大类：一类是在时间和数值上都是连续变化的信号，称为模拟信号（analog signals），例如模拟语言的音频信号（可以通过话筒把声音信号转换成相应的电信号），模拟温度变化的（如从热电偶上得到的）电压信号等都属于模拟信号。另一类信号则是在时间和数值上都是离散的信号，也就是说它们的变化在时间和数值上是不连续的，多以脉冲信号的形式出现，这一类信号称为数字信号（digital signals）。

按照电子电路中工作信号的不同，通常把电路分为模拟电路（analog circuit）和数字电路（digital circuit）。我们把处理模拟信号的电子电路称为模拟电路，如各类放大器、稳压电路以及某些振荡电路等都属于模拟电路。我们把处理数字信号的电子电路称为数字电路，例如我们以后将要介绍的各类门电路（gate）、触发器（flip – flop）、寄存器（register）和译码器（decoder）等都属于数字电路。

数字电路有许多区别于模拟电路的特点，现分述如下：

1）数字电路在作为数值计数和运算电路时采用二进制数，每一位只有 0 和 1 两种可能。电子元件通常工作在开关状态，电路结构简单，容易制造，便于集成及系列化生产，成本较低，使用方便。

2）数字电路是利用信号（脉冲）的有无来代表和传输 0 和 1 这样的数字信息的，幅度较小的干扰不能改变信号的有无，因此，其抗干扰能力强。

3）由数字电路组成的数字系统，只要增加数字的位数，就可以提高其精度。

4）数字电路不仅能完成数值运算，而且能进行逻辑判断和逻辑运算，这在控制系统中是不可缺少的，因此也把它称为"逻辑电路（logic circuit）"。

5）数字电路的分析方法不同于模拟电路，其重点在于研究各种数字电路输出与输入之间的相互关系，即逻辑关系，因此分析数字电路的数学工具是逻辑代数，表达数字电路逻辑功能的方式主要是真值表、逻辑表达式、卡诺图和波形图等。

事物总是一分为二的，数字电路也有一定的局限性，因此，实际电子系统往往把数字电路和模拟电路结合起来，组成一个完整的系统。

二、脉冲信号和数字信号

数字电路所处理的各种信号的工作波形是脉冲波，也称脉冲信号（pulse signal）。"脉冲"这个词包含着脉动和短促的意思。电脉冲是指在短促的时间内，出现的突然变化的电压或电流。例如发报机每按一次电键所产生的信号就属于这种信号。常见的脉冲信号如图 0-1 所示。

随着电子技术的发展，还出现了大量非正弦的新波形。从广义上讲，一切非正弦的、带有突变特点的波形，统称为脉冲。数字电路处理的信号多是矩形脉冲，这种信号常用二值量信息表示，即用逻辑信号 0 和 1 来表示信号的状态（高电平或低电平），我们以后所讲的数字信号，通常都指这一类信号。

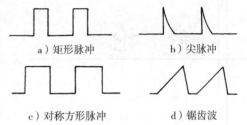

a）矩形脉冲　　　　b）尖脉冲

c）对称方形脉冲　　d）锯齿波

图 0-1　几种常见的脉冲波形

不同的脉冲信号，表示其特征的参数也不同。矩形脉冲（矩形波）是应用最广泛的脉冲信号，其主要参数如下（见图 0-2）：

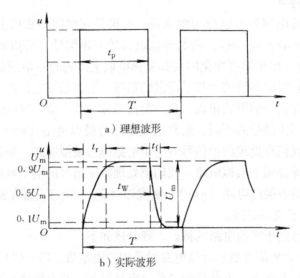

a）理想波形

b）实际波形

图 0-2　矩形电压的参数

1）脉冲幅度 U_m：脉冲波底到波顶之间的电压。

2）脉冲上升时间（脉冲前沿）t_r：波形从 $0.1U_m$ 上升到 $0.9U_m$ 所需的时间。

3）脉冲下降时间（脉冲后沿）t_f：波形从 $0.9U_m$ 下降到 $0.1U_m$ 所需的时间。

4）脉冲宽度 t_W：从波形上升沿的 $0.5U_m$ 到下降沿的 $0.5U_m$ 所需要的时间，又称脉冲持续时间。

5）脉冲周期 T：在周期性的脉冲信号中，任意两个相邻脉冲的上升沿（或下降沿）之间的时间间隔。

6）重复频率 f：在周期性脉冲信号中，每秒出现脉冲波形的次数，$f = 1/T$。

三、数字电路的应用

数字电路的应用十分广泛，它广泛应用于数字通信、自动控制、数字测量仪表以及家用电器（如 DVD、电视机）等各个技术领域。特别是在数字电路基础上发展起来的各种电子计算机，已进入现代社会的各个领域，不仅在高科技研究领域，而且在生产、管理、教育、服务行业和家庭中都得到了广泛应用，它标志着电子技术的发展进入了一个新的阶段。另外，数字式移动电话（手机）、数字式高清晰度电视以及数码照相机等也是数字电路发展的产物。

四、数字电路的分类

1）按电路组成结构可分为分立元件电路（discrete circuit）和集成电路（integrated circuit）两类。其中集成电路按集成度（一块硅片上包含的元件数量）可分为小规模、中规模、大规模、超大规模集成电路（small、medium、large、very large scale integration，分别简写为 SSI、MSI、LSI、VLSI，其划分标准和模拟集成电路的划分标准相同）。

2）按电路所使用的器件可分为双极型（如 TTL、ECL、I^2L、HTL）和单极型（如 NMOS、CMOS、HCMOS）电路。

3）按电路的逻辑功能可分为组合逻辑电路和时序逻辑电路，另外脉冲波形的产生与变换电路也属于数字电路的一部分。数－模转换电路和模－数转换电路则是由模拟电路和数字电路结合而成的。

五、数字电路的学习方法

根据数字电路的特点，在学习中应注意以下几点：

1）**逻辑代数是分析数字电路重要的数学工具，数字电路的功能是用逻辑代数的方法来表示的**，为了分析和研究数字电路，必须熟练掌握逻辑代数的基本内容和分析方法。

2）要重点掌握数字电路中的一些典型逻辑单元的外部逻辑功能、使用方法以及功能的扩展，对内部电路的了解只是为了加深对外部功能的理解，要抓住重点。

3）数字电路的种类繁多，要掌握数字电路的基本分析方法和设计方法，其他电路可以在此基础上分析和设计。

4）数字电子技术是一门实践性很强的技术基础课，因此，在学习中应理论联系实际。在学习本书时应以所介绍的理论知识、基本电路和基本分析方法为先导，分析所介绍的各种应用电路，体会其设计思路，同时，必须重视实验和课程设计，这样，才能取得较好的学习效果。

第一章　数字逻辑基础

本章主要介绍在分析数字电路时所涉及的一些基础知识，包括数字电路中所使用的二进制（binary system）、十六进制（hex system）数以及 BCD 码的概念及相互转换方法。另外，较详细地介绍了数字电路的重要分析工具——逻辑代数（logic algebra）。

第一节　数制和码制

在日常生活中，我们习惯用十进制数，而数字电路中的基本工作信号是只有两种状态的数字信号，只能表示 0 和 1 两个基本数字，因此，在数字系统中进行数字的运算和处理时，采用的都是二进制数。因二进制数有时表示起来不太方便，位数太多，所以也经常采用十六进制数（每位代替四位二进制数）。

本节将介绍几种常见数制的表示方法，相互间的转换方法和几种常见的二－十进制码（binary coded decimal system，简称 BCD 码）。

一、数的表示方法

（一）十进制数

十进制数（decimal number）是最常用的计数体制，十进制数的特点是：

1）基数（base）是 10。十进制数采用十个基本数码：0、1、2、3、4、5、6、7、8、9，任何一个数都可以用上述十个数码按一定规律排列起来表示。

2）计数规律是"逢十进一"，即 $9 + 1 = 10$。$0 \sim 9$ 十个数可以用一位基本数码表示，10 以上的数则要用两位以上的数码表示。例如 10 这个数，右边的"0"为个位数，左边的"1"为十位数，也就是 $10 = 1 \times 10^1 + 0 \times 10^0$。

这样，每一数码处于不同的位置时，它代表的数值是不同的，即不同的数位有不同的位权（weight）。例如数 1987 可写为

$$1987 = 1 \times 10^3 + 9 \times 10^2 + 8 \times 10^1 + 7 \times 10^0$$

每位的位权分别为 10^3、10^2、10^1、10^0。

上述表示方法，也可扩展到小数，不过这时小数点右边的各位数码要乘以基数的负次幂。例如，数 3.14 表示为：$3.14 = 3 \times 10^0 + 1 \times 10^{-1} + 4 \times 10^{-2}$。对于一个十进制数来说，小数点左边的数码，位权依次为 10^0、10^1、$10^2 \cdots$ 右边的数码，位权分别为 10^{-1}、10^{-2}、$10^{-3} \cdots$ 每一位数码所表示的数值等于该数码（称为该位的系数）乘以该位的位权，每一位的系数和位权的乘积称为该位的加权系数。**任意一个十进制数所表示的数值，等于其各位加权系数之和**，可表示为

$$[N]_{10} = \sum_{i=-\infty}^{+\infty} k_i \times 10^i \tag{1-1}$$

任意一个 n 位十进制正整数可表示为

$$[N]_{10} = k_{n-1} \times 10^{n-1} + k_{n-2} \times 10^{n-2} + \cdots + k_1 \times 10^1 + k_0 \times 10^0 = \sum_{i=0}^{n-1} k_i \times 10^i \tag{1-2}$$

式中，下角标 10 表示 $[N]$ 是十进制数，下角标也可以用字母 D 来代替数字"10"。

例如：$[278]_D = [278]_{10} = 2 \times 10^2 + 7 \times 10^1 + 8 \times 10^0 = 278$。

（二）二进制数

二进制数的特点是：

1）基数是 2。采用两个数码 0 和 1。

2）计数规律是"逢二进一"。

二进制数的各位位权分别为 2^0、2^1、$2^2 \cdots$。任何一个 n 位二进制正整数，可表示为

$$[N]_2 = k_{n-1} \times 2^{n-1} + k_{n-2} \times 2^{n-2} + \cdots + k_1 \times 2^1 + k_0 \times 2^0 = \sum_{i=0}^{n-1} k_i \times 2^i \tag{1-3}$$

式中，下角标 2 表示 $[N]$ 是二进制数，也可以用字母 B 来代替数字"2"。

二进制数表示的数值也等于其各位加权系数之和。

例如：$[1001]_2 = [1001]_B = 1 \times 2^3 + 0 \times 2^2 + 0 \times 2^1 + 1 \times 2^0 = [9]_{10}$

由于二进制在电子学中具有十进制无法具备的优点，因此它在数字系统中被广泛采用。

二进制具有以下独特的优点：

1）二进制只有 0 和 1 两个数码，因此它的每一位数都可以用任何具有两个不同稳定状态的元件来表示，如晶体管的饱和与截止，继电器触点的闭合和断开，灯泡的亮与不亮等。只要规定其中一种状态表示"1"，则另一种状态就表示"0"，这样就可以表示二进制数了。因此二进制的数字装置简单可靠，所用元件少，容易用诸如二极管、晶体管等电子元器件来实现。

2）二进制的基本运算规则简单，运算操作简便。

虽然二进制数具有以上优点，但使用时位数通常很多，不便于书写和记忆。例如十进制数 4020 若用二进制数表示为"111110110100"，若用十六进制表示则为"FB4"，因此在数字系统的资料中常采用十六进制来表示二进制数。

（三）十六进制数

十六进制数的基数是 16，采用 16 个数码：0、1、2、3、4、5、6、7、8、9、A、B、C、D、E、F，其中 10 ~ 15 分别用 A ~ F 表示。十六进制数的计数规律是"逢十六进一"，各位的位权是 16 的幂。n 位十六进制正整数可表示为

$$[N]_{16} = \sum_{i=0}^{n-1} k_i \times 16^i \tag{1-4}$$

式中，下角标 16 也可以用字母 H 来代替。

例如：$[80]_{16} = [80]_H = 8 \times 16^1 + 0 \times 16^0 = [128]_{10}$

$[9D]_{16} = [9D]_H = 9 \times 16^1 + 13 \times 16^0 = [157]_{10}$

$[FF]_{16} = [FF]_H = 15 \times 16^1 + 15 \times 16^0 = [255]_{10}$

在我国古代，重量的计量用的是十六进制，一斤是十六两，一两是十六钱。如果以

"钱"作计量单位，则 16 钱为一两，十六两为一斤。八两为半斤，半斤就是八两，成语"半斤八两"表示的意思就是两者一样。

除二进制、十六进制外，日常生活中有时也采用其他进制数对某些量进行计量。例如时间的计量采用六十进制，60 秒为 1 分钟，60 分钟为 1 小时。如果以秒为计量单位时，则分钟数的位权为 60^1，小时数的位权为 60^2。

二、不同进制数之间的相互转换

（一）二进制、十六进制数转换为十进制数

只要将二进制、十六进制数按式（1-3）、式（1-4）展开，求出其各位加权系数之和，则得相应的十进制数。

（二）十进制数转换为二进制数、十六进制数

将十进制正整数转换为二进制、十六进制数可以采用除 R 倒取余法，R 代表所要转换成的数制的基数，对于二进制数为 2，十六进制数为 16，转换步骤如下：

第一步：把给定的十进制数 $[N]_{10}$ 除以 R，取出余数，即为最低位数的数码 k_0。

第二步：将前一步得到的商再除以 R，再取出余数，即得次低位数的数码 k_1。

以下各步类推，直到商为 0 为止，最后得到的余数即为最高位数的数码 k_{n-1}。

【例 1-1】 将 $[75]_{10}$ 转换成二进制数。

解： $2\underline{|75}$······余 1　即 $k_0 = 1$

　　　$2\underline{|37}$······余 1　即 $k_1 = 1$

　　　$2\underline{|18}$······余 0　即 $k_2 = 0$

　　　$2\underline{|9}$······余 1　即 $k_3 = 1$

　　　$2\underline{|4}$······余 0　即 $k_4 = 0$

　　　$2\underline{|2}$······余 0　即 $k_5 = 0$

　　　$2\underline{|1}$······余 1　即 $k_6 = 1$

　　　　 0

即 $[75]_{10} = [1001011]_2$。

【例 1-2】 将 $[75]_{10}$ 转换成十六进制数。

解： $16\underline{|75}$······余 11　即 $k_0 = B$

　　　$16\underline{|4}$······余 4　即 $k_1 = 4$

　　　　 0

即　$[75]_{10} = [4B]_{16}$。

（三）二进制数与十六进制数的相互转换

1. 将二进制正整数转换为十六进制数　将二进制数从最低位开始，每 4 位分为一组，每组都相应转换为 1 位十六进制数（最高位可以补 0）。

【例 1-3】 将二进制数 $[1001011]_2$ 转换为十六进制数。

解：　二进制数　0100　1011

　　　　　　　　　↓　　　↓

　　　十六进制数　4　　B

即 $[1001011]_2 = [4B]_{16}$，也可表示为 $[1001011]_B = [4B]_H$。

2. 将十六进制正整数转换为二进制数　将十六进制数的每一位转换为相应的 4 位二进制数即可。

【例 1-4】　将 $[4B]_{16}$ 转换为二进制数。

解：　十六进制数 4　　　　　B

　　　　　　　　　↓　　　　　↓

　　　　二进制数 0100　　1011

即 $[4B]_{16} = [1001011]_2$（最高位为 0 可舍去），也可表示为 $[4B]_H = [1001011]_B$。十六进制和二进制数的互换计算在计算机编程中使用较为广泛。

三、二 - 十进制码

数字系统中的信息可以分为两类，一类是数值信息，另一类是文字、符号信息。数值的表示已如前述。为了表示文字符号信息，往往也采用一定位数的二进制数码来表示，这个特定的二进制码称为代码（code）。建立这种代码与文字、符号或特定对象之间的一一对应的关系称为编码（coding）。这就如运动会上给所有运动员编上不同的号码一样。

所谓二 - 十进制码，指的是用四位二进制数来表示十进制数中的 0 ~ 9 十个数码，简称 BCD 码。由于四位二进制数码有十六种不同的组合状态，用以表示十进制数中的十个数码时，只需选用其中十种组合，其余六种组合则不用（称为无效组合），因此，BCD 码的编码方式有很多种。

在二 - 十进制编码中，一般分有权码和无权码。表 1-1 中列出了几种常见的 BCD 码。例如 8421BCD 码是一种最基本的、应用十分普遍的 BCD 码，它是一种有权码，8421 就是指编码中各位的位权分别是 8、4、2、1，另外 2421BCD 码、5421BCD 码也属于有权码，而余 3 码和格雷循环码（也称格雷码）则属于无权码。

表 1-1　常见的几种 BCD 编码

十进制数码	8421 编码	5421 编码	2421 编码	余 3 码（无权码）	格雷码（无权码）
0	0000	0000	0000	0011	0000
1	0001	0001	0001	0100	0001
2	0010	0010	0010	0101	0011
3	0011	0011	0011	0110	0010
4	0100	0100	0100	0111	0110
5	0101	1000	1011	1000	0111
6	0110	1001	1100	1001	0101
7	0111	1010	1101	1010	0100
8	1000	1011	1110	1011	1100
9	1001	1100	1111	1100	1000

将十进制数的每一位分别用 4 位二进制码表示出来，所构成的数称为二 - 十进制数，例如 $[47]_{10} = [01000111]_{8421BCD}$，下标表示该数为 8421 编码方式的二 - 十进制数，在二 - 十进制数中，每 4 位数形成一组，代表一个十进制数码，**组与组之间的关系仍是十进制关系**。

第二节　逻 辑 代 数

逻辑代数又称布尔代数（Boolean algebra），是研究逻辑电路的数学工具，它为分析和设计逻辑电路提供了理论基础。逻辑代数所研究的内容，是逻辑函数（logic function）与逻辑变量（logic variables）之间的关系。

一、基本概念及基本逻辑运算

（一）逻辑代数、逻辑变量

自然界中，许多现象总是存在着对立的双方，为了描述这种相互对立的逻辑关系，往往采用仅有两个取值的变量来表示，这种二值变量就称为逻辑变量。例如，电平的高低，灯泡的亮灭等现象都可以用逻辑变量来表示。

逻辑变量和普通代数中的变量一样，可以用字母 A、B、C、$\cdots X$、Y、Z 等来表示。但逻辑变量表示的是事物的两种对立的状态，只允许取两个不同的值，分别是逻辑 0 和逻辑 1。这里 0 和 1 不表示具体的数值，只表示事物相互对立的两种状态。

逻辑代数就是用以描述逻辑关系，反映逻辑变量运算规律的数学，它是按照一定的逻辑规律进行运算的。

（二）基本逻辑及其运算

所谓逻辑关系是指一定的因果关系。基本的逻辑关系只有"与"、"或"、"非"三种，实现这三种逻辑关系的电路分别叫做"与门（AND gate）"、"或门（OR gate）"、"非门（NOT gate）"。因此，在逻辑代数中有三种基本的逻辑运算，即"与"运算、"或"运算、"非"运算，其他逻辑运算就是通过这三种基本运算来实现的。

1. 与逻辑和与运算　只有当决定某一种结果的所有条件都具备时，这个结果才能发生，这种逻辑关系称为与逻辑关系，简称与逻辑。如图 1-1 所示电路中，要使 HL 灯亮，只有开关 S_1 与开关 S_2 都闭合。只要有一个开关断开，灯就灭。因此灯亮和开关 S_1、S_2 的接通是与逻辑关系，可以用逻辑代数中的与运算表示（分别用 Y、A、B 代表灯 HL 以及开关 S_1、S_2 的状态），记作

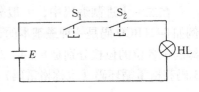

图 1-1　与逻辑关系

$$Y = A \cdot B$$

或　　　　　　　　　　$Y = AB$（其中"·"可以省略）

通常，我们把结果发生或条件具备用逻辑 1 表示，结果不发生或条件不具备用逻辑 0 表示。在此电路中，灯亮用 1 表示，灯灭用 0 表示，开关接通用逻辑 1 表示，断开用逻辑 0 表示，可得与运算的运算规则

$$0 \cdot 0 = 0$$
$$0 \cdot 1 = 0$$
$$1 \cdot 0 = 0$$
$$1 \cdot 1 = 1$$

由于其运算规则与普通代数中的乘法相似，故**与运算又称逻辑乘**。图 1-2 所示为与逻辑的符号，也是与门的逻辑符号。

图中，A、B 叫输入逻辑变量，Y 叫做输出逻辑变量，当所有输入均为"1"状态时，输出才为"1"状态。用逻辑式表示为"$Y = A \cdot B$"。

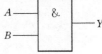

2. 或逻辑和或运算　当决定某一结果的 N 个条件中，只要

图 1-2　与逻辑符号

有一个或一个以上的条件具备，结果就发生，这种逻辑关系，就称为或逻辑关系，简称或逻辑。

图 1-3 所示电路中，开关 S_1 和 S_2 只要有一个接通，灯 HL 就亮，因此 HL 灯亮和开关 S_1、S_2 接通是或逻辑关系，可以用逻辑代数中的或运算来表示（灯 HL、开关 S_1、S_2 的状态分别用 Y、A、B 表示）：

$$Y = A + B$$

同样，灯亮、开关接通，用逻辑 1 表示；灯灭、开关断开，用逻辑 0 表示。可得或运算的运算规则

$$0 + 0 = 0$$
$$0 + 1 = 1$$
$$1 + 0 = 1$$
$$1 + 1 = 1$$

这里要注意的是：$1 + 1$ 不应等于 10，而应等于 1，这是因为灯的状态要么为 1，要么为 0，不可能为 10。**或运算又称逻辑加**，其逻辑符号如图 1-4 所示（所示符号也是或门的逻辑符号）。

3. 非逻辑和非运算　　如果条件与结果的状态总是相反，则这样的逻辑关系称为非逻辑关系，简称非逻辑，或逻辑非。逻辑变量 A 的逻辑非，表示为 $\overline{A}$，$\overline{A}$ 读作"A 非"或"A 反"，其表达式为

$$Y = \overline{A}$$

若条件满足、结果发生用逻辑 1 表示，条件不满足、结果不发生用逻辑 0 表示，则得非运算规律 $\overline{0} = 1$；$\overline{1} = 0$。

数字电路中用来实现非逻辑关系的电路称为非门，其符号和非逻辑的逻辑符号相同，如图 1-5 所示。

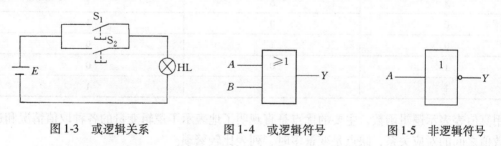

图 1-3　或逻辑关系　　　　　图 1-4　或逻辑符号　　　　　图 1-5　非逻辑符号

二、逻辑函数及其表示方法

（一）逻辑函数的定义

逻辑函数的定义和普通代数中函数的定义类似。在逻辑电路中，如果输入变量 A、B、C…的取值确定后，输出变量 Y 的值也被唯一确定了，那么，我们就称 Y 是 A、B、C…的逻辑函数。逻辑函数的一般表达式可以写作：

$$Y = F(A, B, C, \cdots)$$

根据函数的定义：$Y = A \cdot B$、$Y = A + B$、$Y = \overline{A}$ 三个表达式反映的是三个基本的逻辑函数，表示 Y 是 A、B 的与函数、或函数以及 Y 是 A 的非函数。

在逻辑代数中，逻辑函数和逻辑变量一样，都只有逻辑 0 或逻辑 1 两种取值（以后我们直接简称为 0 或 1，它们没有大小之分，不同于普通代数中的 0 和 1）。

（二）逻辑函数的表示方法

逻辑函数的表示方法有很多种，以下我们结合实际的逻辑问题分别加以介绍。

1. 真值表（truth table） 真值表是将输入逻辑变量的各种可能的取值和相应的函数值排列在一起而组成的表格。

【例1-5】 如图1-6所示，它是一个用单刀双掷开关来控制楼梯照明灯的电路。上楼时，先在楼下开灯，上楼后顺手把灯关掉。要求用逻辑函数表示电灯的状态 Y 和开关的状态 A、B 之间的逻辑关系。

解：电灯 HL 的状态我们用 Y 表示，$Y=1$ 表示灯亮，$Y=0$ 表示灯灭。开关 S_1 的状态我们用 A 表示，$A=1$ 表示 S_1 扳在上面，$A=0$ 表示 S_1 扳在下面。开关 S_2 的状态

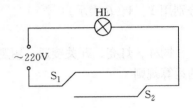

图1-6 楼梯照明灯控制电路

我们用 B 表示，$B=1$ 表示 S_2 扳在上面，$B=0$ 表示 S_2 扳在下面。通过分析，我们知道，当 A 和 B 都为1或都为0时，灯亮，即 $Y=1$。其他情况下，灯灭，即 $Y=0$。这样，我们可以列出 A、B 每种取值情况下的 Y 值，如表1-2所示，这就是该函数的真值表。

列表时，必须把逻辑变量的所有可能的取值情况都列出，并列出相应的函数值。根据排列组合理论，如有 n 个逻辑变量，每个逻辑变量有两种可能的取值，则可能的取值有 2^n 种。习惯上，常按逻辑变量各种可能的取值所对应的二进制数的大小（从 $0\sim2^n-1$）排列，这样，既可避免遗漏，也可避免不必要的重复。在上例中，AB 的取值则是按00、01、10、11排列的。

表1-2 逻辑函数 Y 的真值表

逻辑变量值		逻辑函数值
A	B	Y
0	0	1
0	1	0
1	0	0
1	1	1

用真值表表示逻辑函数，主要的优点是直观明了地表示了逻辑变量的各种取值情况和逻辑函数值之间的对应关系，缺点是变量多时，列表比较繁琐。

2. 逻辑函数表达式（logic function expression） 逻辑函数表达式是用各变量的与、或、非逻辑运算的组合表达式来表示逻辑函数的，简称逻辑表达式、函数式、表达式。

在上例中，电灯的状态 Y 与开关的状态 A、B 的关系可表示为：

$$Y = A \cdot B + \overline{A} \cdot \overline{B}$$

根据与、或、非逻辑的基本概念，从式中我们可以看出，Y 在两种情况下为1：一种情况是 $A \cdot B = 1$（即 $A = B = 1$）；另一种情况是 $\overline{A} \cdot \overline{B} = 1$（即 $\overline{A} = \overline{B} = 1$，也就是 $A = B = 0$）。这两种情况的任何一种情况满足，Y 的值都等于1，这与它的真值表是相符的。这种逻辑关系也称为同或逻辑。

根据真值表可以得到逻辑表达式，这部分内容我们将会在后面的内容中介绍。

3. 逻辑图（logic diagram） 用规定的逻辑符号连接组成的图，称为逻辑图。如 $Y=$

$A \cdot B + \overline{A} \cdot \overline{B}$，可用图 1-7 表示。

由于逻辑符号也代表逻辑门，和电路器件是相对应的，所以，逻辑图也称为逻辑电路图。

4. 卡诺图（Karnaugh map） 卡诺图实际上是真值表的一种特定的图示形式，是根据真值表按一定规则画出的一种方格图，它是用小方格来表示真值表中每一行变量的取值情况和对应的函数值的，所以又叫真值图。对于一个逻辑函数，除了前面介绍的用逻辑函数式、逻辑图和真值表表示之外，还可以用卡诺图来表示。真值表中的每一行对应着卡诺图中的一个方格。

图 1-8 表示的是两变量函数 $Z = A \cdot B$ 的真值表和卡诺图。

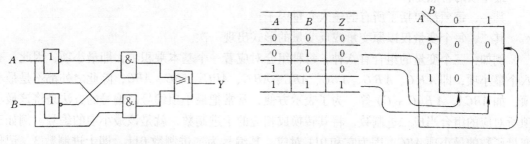

图 1-7 函数的逻辑图 　　　图 1-8 函数 $Z = A \cdot B$ 的卡诺图和真值表

在真值表中列出了变量 A、B 的四种可能取值的组合情况及其对应的函数值。在卡诺图中也有四个小方格，分别和真值表中的各行一一对应，如箭头所示。

在卡诺图的左上角标注了变量 A 和 B，在卡诺图的左边标出了变量 A 的两种取值 0 和 1，上边标出了变量 B 的两种取值 0 和 1，每个小方格对应着一种变量的取值组合，填入相应的函数值，就得到了函数 $Z = A \cdot B$ 的卡诺图。

卡诺图一般用于化简逻辑函数。

5. 真值表、卡诺图和函数式的对应关系 根据真值表，可以画出卡诺图，两者具有一一对应的关系，也可以由真值表写出逻辑函数式，下面我们介绍由真值表写逻辑函数式的方法。

第一步，找出真值表中输出函数为"1"的各行，其对应的变量组合中，变量取值为 0 用反变量，变量取值为 1 用原变量，用这些变量组成与项，构成基本乘积项。

第二步，将各个基本乘积项相加，就可以得到对应的逻辑函数式。

例如：已知真值表如表 1-3 所示，在 $Z = 1$ 的各行中，A、B、C 的取值分别为 011、101、110 和 111，其基本乘积项分别为 $\overline{A}BC$（011）、$A\overline{B}C$（101）、$AB\overline{C}$（110）和 ABC（111），所以逻辑式为

$$Z = \overline{A}BC + A\overline{B}C + AB\overline{C} + ABC$$

表 1-3 函数 Z 的真值表

A	B	C	Z
0	0	0	0
0	0	1	0
0	1	0	0

（续）

	A	B	C	Z
	0	1	1	1
	1	0	0	0
	1	0	1	1
	1	1	0	1
	1	1	1	1

基本乘积项也叫做最小项，最小项是逻辑代数中的一个重要概念。

最小项的特点是：

其一，每项都包括了所有的输入变量因子；

其二，每个变量仅以原变量或反变量的形式出现一次。

例如：三个变量的组合有八种，每种组合对应着一个基本乘积项，即最小项，因此，有八个最小项，即 $\overline{A}\,\overline{B}\,\overline{C}$、$\overline{A}\,\overline{B}C$、$\overline{A}B\overline{C}$、$\overline{A}BC$、$A\overline{B}\,\overline{C}$、$A\overline{B}C$、$AB\overline{C}$、$ABC$，除此之外都不是最小项，如 $ABCA$、$A\overline{B}(C+\overline{C})$ 等。为了表示方便，常常把最小项编号，编号的方法是将该最小项所对应的组合当成二进制数，将其转换成相应的十进制数，就是该最小项的编号。例如三变量函数的最小项 $\overline{A}BC$，因为它和 011 对应，其编号为二进制数 011，即十进制数 3，记作 m_3。同理，$AB\overline{C}$ 对应的组合为 110，记作 m_6，$\overline{A}\,\overline{B}\,\overline{C}$ 记作 m_0 等等。表 1-3 所示逻辑函数 Z 的表达式也可以写作

$$Z = m_3 + m_5 + m_6 + m_7$$

（三）逻辑函数相等的概念

如果两个逻辑函数具有相同的真值表，我们则称这两个逻辑函数是相等的，其条件是具有相同的逻辑变量，并且在变量的每种取值情况下，两函数的函数值也相等。

【例 1-6】 已知 $L = AB + \overline{A}\,\overline{B}$，$Z = (A + \overline{B})(\overline{A} + B)$；

求证：$L = Z$。

解：列出函数 L 和 Z 的真值表，如表 1-4 所示：

表 1-4 函数 L 和 Z 的真值表

A	B	$Z = AB + \overline{A}\,\overline{B}$	$Z = (A + \overline{B})(\overline{A} + B)$
0	0	1	1
0	1	0	0
1	0	0	0
1	1	1	1

可见，函数 L 和 Z 的真值表相同，所以 $L = Z$。

三、逻辑代数中的基本公式和定律

（一）基本公式

1. 变量和常量的关系

公式 1 $A + 0 = A$ 公式 1′ $A \cdot 1 = A$

公式 2 $A + 1 = 1$ 公式 2′ $A \cdot 0 = 0$

公式 3 $A + \overline{A} = 1$ 公式 3′ $A \cdot \overline{A} = 0$

2. 与普通代数相似的定律

1）交换律

公式4 $\qquad A + B = B + A$ $\qquad\qquad$ 公式4′ $\qquad A \cdot B = B \cdot A$

2）结合律

公式5 $\qquad (A + B) + C = A + (B + C)$ $\qquad$ 公式5′ $\qquad (A \cdot B) \cdot C = A \cdot (B \cdot C)$

3）分配律

公式6 $\qquad A \cdot (B + C) = A \cdot B + A \cdot C$ $\qquad$ 公式6′ $\qquad A + B \cdot C = (A + B) \cdot (A + C)$

上述公式中，除公式6′以外，其他都和普通代数完全一样，它们的正确性均可用真值表加以证明。

3. 逻辑代数中的一些特殊定律

1）重叠律

公式7 $\qquad A + A = A$ $\qquad\qquad$ 公式7′ $\qquad A \cdot A = A$

2）反演律（摩根定律）

公式8 $\qquad \overline{A + B} = \overline{A} \cdot \overline{B}$ $\qquad\qquad$ 公式8′ $\qquad \overline{A \cdot B} = \overline{A} + \overline{B}$

3）非非律（否定律或还原律）

公式9 $\qquad \overline{\overline{A}} = A$

以上公式也可以通过真值表证明。

（二）几个常用公式

除基本公式外，逻辑代数中还有一些常用公式，这些公式对于逻辑函数的化简是很有用的。

公式10 $\qquad AB + A\overline{B} = A$

证明： $\qquad AB + A\overline{B} = A(B + \overline{B}) = A \cdot 1 = A$

公式11 $\qquad A + \overline{A}B = A + B$

证明： $\qquad A + \overline{A}B = (A + \overline{A}) \cdot (A + B) = 1 \cdot (A + B) = A + B$

公式12 $\qquad A + AB = A$

证明： $\qquad A + AB = A(1 + B) = A \cdot 1 = A$

公式13 $\qquad AB + \overline{A}C + BC = AB + \overline{A}C$

证明： $\qquad AB + \overline{A}C + BC = AB + \overline{A}C + (A + \overline{A})BC$

$\qquad\qquad\qquad\qquad = AB + \overline{A}C + ABC + \overline{A}BC$

$\qquad\qquad\qquad\qquad = AB(1 + C) + \overline{A}C(1 + B)$

$\qquad\qquad\qquad\qquad = AB \cdot 1 + \overline{A}C \cdot 1 = AB + \overline{A}C$

四、逻辑函数的化简与变换

（一）化简与变换的意义

1. 逻辑函数的五种表达式 一个逻辑函数可以有不同的表达式，除了与或表达式外还有或与表达式、与非 – 与非表达式、或非 – 或非表达式、与或非表达式等。

例如： $\quad L = A\overline{B} + BC$ $\qquad\qquad$ 与或表达式

$\qquad\quad = (A + B)(\overline{B} + C)$ $\qquad\quad$ 或与表达式

$\qquad\quad = \overline{\overline{A\overline{B}} \cdot \overline{BC}}$ $\qquad\qquad$ 与非 – 与非表达式

$$= \overline{\overline{\overline{A} + B} + \overline{\overline{B} + C}} \qquad \text{或非 – 或非表达式}$$

$$= \overline{\overline{\overline{A}\,\overline{B}} + \overline{B\,\overline{C}}} \qquad \text{与或非表达式}$$

采用不同的表达式，可以用不同的逻辑门来实现。在实际工作中，除或门、与门外，还经常使用与非门（NAND gate）、或非门（NOR gate）、与或非门（AND – OR – INVERT gate）、异或门（Exclusive – OR gate）等复合门电路作为基本单元来组成各种逻辑电路（见第二章内容），因此，可以根据实际情况，把一个已知逻辑函数的与或表达式转换成其他表达式，这样，就可以用不同的逻辑门电路来实现了。

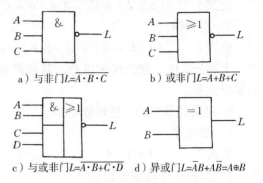

a）与非门 $L=\overline{A \cdot B \cdot C}$ b）或非门 $L=\overline{A+B+C}$

c）与或非门 $L=\overline{A \cdot B + C \cdot D}$ d）异或门 $L=\overline{A}B+A\overline{B}=A \oplus B$

图1-9　复合门电路

所谓复合门，就是把与门、或门和非门结合起来作为一个门电路来使用。

例如：把与门和非门结合起来构成与非门，把或门和非门结合起来构成或非门等等，常用的复合门及其逻辑符号、代数式如图1-9所示。

其中 $L = \overline{A}B + A\overline{B}$ 称为异或逻辑，可用 $L = A \oplus B$ 表示，其逻辑关系是：当 A、B 中有一个为 1 时，L 为1；A、B 都为 0 或都为 1 时，L 等于 0。

2. 逻辑函数式的转换　下面我们来看一下，如何进行逻辑函数式的转换。

我们以函数 $L = A\overline{B} + BC$ 为例说明：

将函数两次求反，再利用反演律得

$$L = A\overline{B} + BC = \overline{\overline{A\overline{B} + BC}} = \overline{\overline{A\overline{B} \cdot \overline{BC}}} \qquad \text{与非 – 与非表达式}$$

根据函数已转换成的与非 – 与非表达式，再利用反演律得：

$$L = \overline{\overline{A\overline{B} \cdot \overline{BC}}} = \overline{(\overline{A} + B) \cdot (\overline{B} + \overline{C})}$$

$$= \overline{\overline{A}\,\overline{B} + \overline{A}\,\overline{C} + B \cdot \overline{B} + B \cdot \overline{C}}$$

$$= \overline{\overline{A}\,\overline{B} + B\overline{C} + \overline{A}\,\overline{C}} \qquad \text{与或非表达式}$$

利用公式13，可知：$\overline{A}\,\overline{B} + B\overline{C} + \overline{A}\,\overline{C} = \overline{A}\,\overline{B} + B\overline{C}$

可得：　　　　　$L = \overline{\overline{A}\,\overline{B} + B\overline{C}} \qquad \text{简化的与或非表达式}$

根据函数的与或非表达式，利用反演律得

$$L = \overline{\overline{A}\,\overline{B} + B\overline{C}} = \overline{\overline{\overline{A}\,\overline{B}} \cdot \overline{B\overline{C}}}$$

再利用反演律得：

$$L = (A + B) \cdot (\overline{B} + C) \qquad \text{或与表达式}$$

或与表达式两次求反，再利用反演律，得：

$$L = \overline{\overline{(A + B) \cdot (\overline{B} + C)}}$$

$$= \overline{\overline{A + B} + \overline{\overline{B} + C}} \qquad \text{或非 – 或非表达式}$$

根据函数的不同表达式，可得函数 L 的逻辑图如图1-10所示，可以看出，通过逻辑函数的转换，同一逻辑函数可以用不同的逻辑门来实现。

3. 化简的意义和最简的概念　同一个函数可以有不同的表达式，即使对于某一类表达式而言，其表达式也不是唯一的，有的较复杂的，有的较简单，相应的逻辑电路也较复杂或较简单。

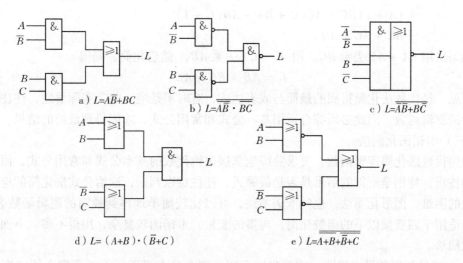

a）$L = A\overline{B} + BC$

b）$L = \overline{A\overline{B} \cdot \overline{BC}}$

c）$L = \overline{\overline{A\overline{B}} + \overline{B\overline{C}}}$

d）$L = (A+B) \cdot (\overline{B}+C)$

e）$L = \overline{\overline{A+B} + \overline{\overline{B}+C}}$

图 1-10　函数 $L = A\overline{B} + BC$ 的逻辑图

例如：函数 $L = A\overline{B} + BC$

$\qquad = A\overline{B} + BC + AC$

$\qquad = A\overline{B}C + A\overline{B}\,\overline{C} + ABC + \overline{A}BC$

$\qquad = \cdots\cdots$

所以，为了使实现一个逻辑函数所使用的元件最少，设备简单合理而且工作可靠，就有必要对逻辑函数进行化简。

在逻辑函数的几种表达式中，与或表达式最常用，也容易转换成其他的表达式，因此，下面我们着重讨论最简的与或表达式。

最简的与或表达式的条件是：在不改变逻辑关系的情况下，首先乘积项的个数最少，在此前提下，其次是每一个乘积项中变量的个数最少。化简与或表达式的方法有两种：代数法和图解法。下面我们先介绍代数法。

（二）代数法化简与或表达式

1. 并项法　利用公式 $AB + A\overline{B} = A$ 将两个乘积项合并为一项，合并后消去一个互补的变量。

例如：$A\overline{B}C + A\overline{B}\,\overline{C} = A\overline{B}(C + \overline{C}) = A\overline{B}$

又如：$ABC + ABC + A\overline{B} = AB(C + \overline{C}) + A\overline{B} = AB + A\overline{B} = A$

2. 吸收法　利用公式 $A + AB = A$ 或 $AB + \overline{A}C + BC = AB + \overline{A}C$ 吸收多余的乘积项。

例如：$\overline{A}B + \overline{A}BC = \overline{A}B$

又如：$A\overline{B} + \overline{A}C + \overline{B}C = A\overline{B} + \overline{A}C$

3. 消去法　利用公式 $A + \overline{A}B = A + B$ 消去多余的因子。

例如：$\overline{A} + AC + BCD = \overline{A} + C + BCD = \overline{A} + C + BD$

4. 配项法　利用 $A = A(B + \overline{B})$ 可将某项拆成两项，然后再用上述方法进行化简。

例如：$L = A\overline{B} + B\overline{C} + \overline{B}C + \overline{A}B$

$\qquad = A\overline{B}(C + \overline{C}) + (A + \overline{A})B\overline{C} + \overline{B}C + \overline{A}B$

$\qquad = A\overline{B}C + A\overline{B}\,\overline{C} + AB\overline{C} + \overline{A}B\overline{C} + \overline{B}C + \overline{A}B$

$$= (A+1)\overline{B}C + A\overline{C}(\overline{B}+B) + \overline{A}B(\overline{C}+1)$$
$$= \overline{B}C + A\overline{C} + \overline{A}B$$

如果采用 $(A+\overline{A})$ 去乘 $\overline{B}C$，用 $(C+\overline{C})$ 去乘 $\overline{A}B$，然后化简，则得

$$L = A\overline{B} + B\overline{C} + \overline{A}C$$

可见，经代数法化简得到的最简与或表达式，有时不是唯一的，实际解题，往往遇到比较复杂的逻辑函数，因此必须综合运用基本公式和常用公式，才能得到最简的结果。

（三）卡诺图化简法

利用代数法化简逻辑函数，要求熟练地掌握逻辑代数的基本公式和常用公式，而且需要一定的技巧，特别是所得的结果是否是最简式，往往难以判断，这给公式法化简的应用带来了一定的困难。图形化简法，也叫卡诺图法，可以比较简单地得到最简的逻辑函数表达式，但它只适用于四变量以下的函数化简，再多的变量，卡诺图较复杂，用得不多。下面介绍卡诺图化简法。

1. 三变量与四变量卡诺图　前面我们介绍了两变量卡诺图，下面我们介绍三变量和四变量卡诺图。

1）三变量卡诺图　我们知道，卡诺图实际上是真值表的一种特定的图示形式，是根据真值表按一定规则画出的一种方格图，它用小方格来表示真值表中每一行变量的取值情况和对应的函数值，又叫真值图。对于一个三变量逻辑函数，变量的取值情况一共有 2^3 种组合，即 8 种组合，其卡诺图由 8 个小方格组成，如图 1-11 所示。卡诺图中每个小方格代表一种组合，也对应着一个最小项，如图 1-11a 所示，图 1-11b 是空白的卡诺图。

注意：图中变量的取值顺序不是按自然二进制码（00，01，10，11）排列的，而是按循环码（00，01，11，10）的顺序排列的。

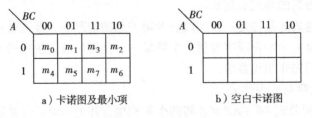

A \ BC	00	01	11	10
0	m_0	m_1	m_3	m_2
1	m_4	m_5	m_7	m_6

a）卡诺图及最小项

A \ BC	00	01	11	10
0				
1				

b）空白卡诺图

图 1-11　三变量卡诺图

2）四变量卡诺图　四变量逻辑函数的变量有 2^4 种（16 种）组合，其卡诺图由 16 个小方格组成，如图 1-12 所示，行、列变量的取值顺序也是按循环码顺序排列的。

AB \ CD	00	01	11	10
00	m_0	m_1	m_3	m_2
01	m_4	m_5	m_7	m_6
11	m_{12}	m_{13}	m_{15}	m_{14}
10	m_8	m_9	m_{11}	m_{10}

a）卡诺图及最小项

AB \ CD	00	01	11	10
00				
01				
11				
10				

b）空白卡诺图

图 1-12　四变量卡诺图

3）卡诺图的相邻性 卡诺图的最大特点就是形象地表达了各最小项之间的逻辑相邻性。

在一个逻辑函数中，任意两个最小项中只有一个变量不同（相反），那么，称这两个最小项在逻辑上具有逻辑相邻性。具有逻辑相邻性的两个最小项可以合并为一项。

例如，三变量逻辑函数中，$m_0 = \overline{A}\,\overline{B}\,\overline{C}$ 和 $m_1 = \overline{A}\,\overline{B}C$ 是逻辑相邻项，则：$m_0 + m_1 = \overline{A}\,\overline{B}\,\overline{C} + \overline{A}\,\overline{B}C = \overline{A}\,\overline{B}$，消去了 C 变量；同理 $m_0 + m_2 = \overline{A}\,\overline{B}\,\overline{C} + \overline{A}B\overline{C} = \overline{A}\,\overline{C}$，消去了 B；$m_0 + m_4 = \overline{A}\,\overline{B}\,\overline{C} + A\overline{B}\,\overline{C} = \overline{B}\,\overline{C}$，消去了 A，可见，消去的是相反（也称为互补）的变量。

在卡诺图中，凡是挨在一起的小方格，或者相对于垂直中心线以及水平中心线对称的小方格称为几何相邻。凡具有几何相邻性的最小项必定具有逻辑相邻性，可以合并。可以看出，行、列变量只有按循环码排列，才能满足卡诺图这个重要的结论。

2. 逻辑函数的卡诺图 将逻辑函数值按对应的组合填入空白的卡诺图中，就可得到该逻辑函数的卡诺图（真值图）。具体步骤如下：

（1）根据逻辑函数的变量数 n，画出 n 变量卡诺图；

（2）根据卡诺图中每个小方格对应的变量组合情况，计算函数值，填入卡诺图中。如果逻辑函数是最小项表达式，则在每个最小项对应的小方格中填 1，其余小方格填 0（也可以不填，空白）。

例如，函数 $Y(A, B, C) = \overline{A}BC + A\overline{B}C + AB\overline{C} + ABC$ 是三变量逻辑函数，其对应的卡诺图如图 1-13 所示。

$A \backslash^{BC}$	00	01	11	10
0	0	0	1	0
1	0	1	1	1

图 1-13 函数 $Y = \overline{A}BC + A\overline{B}C + AB\overline{C} + ABC$ 的卡诺图

如逻辑函数式较复杂，通常是将该逻辑函数转换成与或表达式，再画出其卡诺图。

【例 1-7】 画出函数 $Y(A, B, C, D) = \overline{\overline{A}(BC + CD)} + A\overline{D}$ 的卡诺图。

解：先进行逻辑函数的变换：

$$
\begin{aligned}
Y(A,B,C,D) &= \overline{\overline{A}(BC + CD)} + A\overline{D} \\
&= A + \overline{BC + CD} + A\overline{D} \\
&= A + \overline{BC} \cdot \overline{CD} \quad (A\overline{D}\ 被\ A\ 吸收) \\
&= A + (\overline{B} + \overline{C})(\overline{C} + \overline{D}) \\
&= A + \overline{B}\,\overline{C} + \overline{C} + \overline{B}\,\overline{D} + \overline{C}\,\overline{D} \\
&= A + \overline{C} + \overline{B}\,\overline{D}
\end{aligned}
$$

根据转换后的表达式可知，当第一项为 1 时，Y 为 1，如图，在四变量卡诺图中，最下面两行的 A 均为 1，所以 Y 为 1，对应的小方格填 1；当第二项 $\overline{C}$ 为 1（C 为 0）时，Y 值为 1，可以看出，卡诺图中最左边两列的 C 值为 0，所以 Y 为 1，对应的小方格填 1；当第三项 $\overline{B}\,\overline{D} = 1$（即 B 和 D 都为 0）时，Y 为 1，可以看出，卡诺图的第一行和第四行 B 等于 0，第一列和第四列 D 等于 0，所以，它们的交叉处即四个角的 B 和 D 同时为 0，所以 Y 为 1，对应的小方格填 1。函数 Y 的卡诺图如图 1-14 所示。

$AB \backslash^{CD}$	00	01	11	10
00	1	1	0	1
01	1	1	0	0
11	1	1	1	1
10	1	1	1	1

图 1-14 例 1-7 图

注意：如有重复的小方格，只填一个1，因为 $1 + 1 = 1$。

正确画出逻辑函数的卡诺图，就可以利用卡诺图化简逻辑函数了。

3. **用卡诺图化简逻辑函数** 卡诺图化简逻辑函数就是利用几何相邻的小方格所对应的最小项具有逻辑相邻性，可以合并，来达到化简逻辑函数的目的。

可以证明，几何相邻的 2^n 个（n 为正整数）小方格所对用的最小项可以合并为一项，消去 n 个互补（互反）的变量，保留不变的量。相邻的 2 个最小项可以合并，消去 1 个变量；相邻的 4 个最小项可以合并，消去 2 个变量；相邻的 8 个最小项可以合并，消去 3 个变量。如图 1-15 所示。

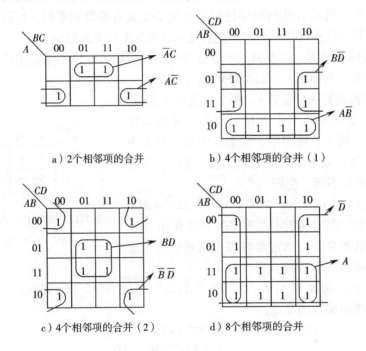

a）2个相邻项的合并 　b）4个相邻项的合并（1）

c）4个相邻项的合并（2） 　d）8个相邻项的合并

图 1-15 相邻最小项合并的几种常见情况

图中的每一个圈均可以化简为一项，写对应的与项时，消去圈中互补的变量，只保留圈中不变的变量；变量恒为 1，用原变量；变量恒为 0，用反变量。最左边和最右边，最上边和最下边也是相邻的。另外要注意，四个角为 1 也应该圈为一个四格圈，对应的项为 $\overline{B}\,\overline{D}$。

用卡诺图化简逻辑函数的步骤如下：首先应画出逻辑函数的卡诺图，然后将相邻的 2^n 个为 1 的小方格圈在一起，合并为一项，将所有为 1 的格圈完后，将每个圈所对应的项相加，就得到化简后的逻辑函数的与或表达式。

圈"1"的原则如下：

① 只有相邻的 2^n 个 1 格才能圈在一起。

② 圈的个数应尽量少（项的数目少），圈应尽量大（项的因子少）。

③ 1 格可以被重复圈，但每个圈中至少应该有一个没有被其他圈圈过的 1 格，否则这个圈是多余的，对应的项是多余项。

为了满足上述要求，**一般先把独立的 1 格圈起来，然后再把只有一个合并方向的 1 格圈成二格组，最后再圈其他的二格组、四格组和八格组。**

【例1-8】化简逻辑函数 $Y(A, B, C) = \overline{A}BC + A\overline{B}C + AB\overline{C} + ABC$。

解：根据该逻辑函数的卡诺图，可圈出 3 个圈，如图 1-16 所示。写出每个圈所对应的项，可得化简结果：$Y = BC + AC + AB$。

【例1-9】化简例 1-7 的逻辑函数 $Y(A, B, C, D) = \overline{\overline{A}(BC + CD)} + A\overline{D}$。

解：根据该逻辑函数的卡诺图，可圈出 3 个圈，如图 1-17 所示。写出每个圈对应的项，可得化简结果：$Y = A + \overline{C} + \overline{B}\,\overline{D}$。

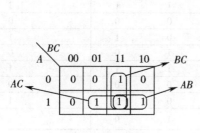

图 1-16 例 1-8 图

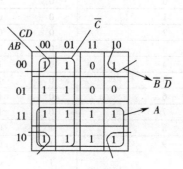

图 1-17 例 1-9 图

【例1-10】化简逻辑函数 $Y(A, B, C, D) = \sum m(0, 2, 5, 8, 9, 10, 11, 15)$。

解：该表达式是最小项表达式，其卡诺图如图 1-18 所示，可圈出四个圈。写出每个圈对应的项，可得化简后的结果：$Y = A\overline{B} + \overline{B}\,\overline{D} + ACD + \overline{A}BC\overline{D}$。

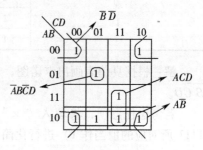

图 1-18 例 1-10 图

（四）具有约束的逻辑函数的化简

我们知道，两个逻辑变量有四种可能的组合，三个逻辑变量有八种组合，四个逻辑变量有十六种组合等，但在实际应用中常会遇见这样的情况，有些组合实际上不可能出现。例如，在数字系统中，如果我们用 A、B、C 三个变量分别表示加、乘、除三种操作，因为机器每次只进行三种操作的一种，所以任何两个变量都不会同时取值为 1，即 A、B、C 三个变量的取值只可能出现 000、001、010、100，而不会出现 011、101、110、111。这说明三个变量 A、B、C 之间存在着相互制约的关系，我们把它称之为约束，称 A、B、C 是一组有约束的变量，由其决定的逻辑函数称为有约束的逻辑函数。011、101、110、111 四种组合不可能出现，也就是说它们对应的最小项 $\overline{A}BC$、$A\overline{B}C$、$AB\overline{C}$、ABC 的值永远不会为 1，其值恒为 0，可以写作：$\overline{A}BC + A\overline{B}C + AB\overline{C} + ABC = 0$，或 $\sum m(3, 5, 6, 7) = 0$，这个表达式我们称为约束条件。通过化简，也可以写成 $AB + AC + BC = 0$。

约束条件中所包含的最小项，也就是不可能出现的变量组合项，我们称之为约束项（constraint term）或任意项，用"φ"来表示，也可以用"×"表示。

对具有约束的逻辑函数，可以利用约束项进行化简，使得表达式简化。因为约束项的值恒为 0，在函数式中加入了约束项就等于加上 0，所以在函数式中，加入约束项或不加上约束项不会影响函数的实际取值。**进行化简时，可以把约束项的值当作 1（相当于函数式加上了该约束项），也可以看成 0（相当于函数式没加该约束项），所以约束项也叫任意项。**

【**例1-11**】 表1-5 所示是 8421 编码表示的十进制数 0 ~ 9，其中 1010 ~ 1111 六个状态不可能出现，是任意项。要求当十进制为奇数时，输出 $Y = 1$。求 Y 的最简与或表达式。

表1-5　例1-11 真值表

十进制数	输入变量				输出变量
	A	B	C	D	Y
0	0	0	0	0	0
1	0	0	0	1	1
2	0	0	1	0	0
3	0	0	1	1	1
4	0	1	0	0	0
5	0	1	0	1	1
6	0	1	1	0	0
7	0	1	1	1	1
8	1	0	0	0	0
9	1	0	0	1	1
↑ 不 出 现 ↓	1	0	1	0	×
	1	0	1	1	×
	1	1	0	0	×
	1	1	0	1	×
	1	1	1	0	×
	1	1	1	1	×

解：根据真值表画出卡诺图，若不考虑任意项，如图1-19a 所示，化简后可得 $Y = \overline{A}D + \overline{B}\,\overline{C}D$。

若考虑任意项，将填入"×"的小方格的值某些当作 0，某些当作 1（1011、1101、1111 所对应的值当作 1）进行化简，如图1-19b 所示，其结果为 $Y = D$。

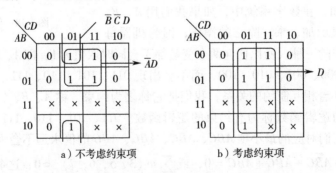

a）不考虑约束项　　　　　b）考虑约束项

图1-19　例1-11 图

可以看出，利用约束条件得到的结果要简单得多。

本 章 小 结

本章包括两个方面的内容，即数的进制和编码以及逻辑代数。

一、数的进制和编码

主要介绍了十进制数、二进制数和十六进制数的表示方法以及不同进制数的相互转换，

并介绍了二 – 十进制编码（BCD 码）。

日常生活中常用十进制数，数字电路中基本上使用二进制数，在计算机中也常使用二进制数，有时也使用十六进制数。

将任意进制数转换成十进制数，只要求出其各位加权系数之和，即可求得对应的十进制数。

将十进制正整数转换成其他进制数的方法是除 R 倒取余法，其中 R 为其他进制数的基数。要转换为二进制数，这里 R 就是 2，即除 2 倒取余法。

将二进制数转换为十六进制数的方法，是把二进制数从低位开始，每四位分成一组，每组分别转换成相应的十六进制数。

将十六进制数转换为二进制数的方法是把十六进制数的每一位分别转换成相应的四位二进制数。

用四位二进制数码来表示一位十进制数码的方法，称为二 – 十进制编码，简称 BCD 码。十进制数与 BCD 码的转换是根据所采用的编码方式（常见的有 8421，2421 等 BCD 码）按个位、十位、百位……即按位进行转换。二 – 十进制编码分为有权码和无权码。

二、逻辑代数

逻辑代数是分析和设计逻辑电路的工具。逻辑代数是用以描述逻辑关系、反映逻辑变量运算规律的数学。逻辑变量是用来表示逻辑关系的二值量，它只有逻辑 0 和逻辑 1 两种取值，简称 0 和 1，但它代表的是两种对立的逻辑状态，而不是具体的数值。

基本的逻辑关系有与、或、非三种逻辑关系。

如果一个逻辑变量的值是由另外几个逻辑变量的值决定的，就称这个逻辑变量是另外几个逻辑变量的函数。逻辑函数可以用若干个逻辑变量由与、或、非三种基本逻辑运算组成的复杂的运算形式来表示，这就是逻辑函数表达式。

一个逻辑问题可用逻辑函数来描述。逻辑函数可采用四种表达方式，即真值表、逻辑函数表达式、逻辑图和卡诺图，它们之间可以相互转换。

逻辑代数中有许多基本定律和公式，它们与普通代数有相同之处，又有不同之处，必须在学习中加以区别。

同一个逻辑函数可以用不同的表达式来表示，其对应的逻辑图也不同，用逻辑电路实现时采用的元器件也不同。逻辑函数的表达式越简单，对应的逻辑图（逻辑电路）也就越简单。

逻辑函数的化简和转换方法有公式法和卡诺图法两种，公式法需要熟练地掌握逻辑代数的基本公式和常用公式，并且需要有一定的技巧。卡诺图化简法比较直观、简便，但变量较多时，就比较复杂，所以，实际工作中用得较少。

练 习 题

一、填空题

1. 十进制数 128 对应的二进制数是_____，对应的 8421BCD 码是_____，对应的十六进制数是_____。

2. 逻辑函数 $F = \overline{A}\ \overline{B}\ \overline{C}\ \overline{D} + A + B + C + D =$ _____。

3. 函数 $Y = CD + \overline{C}\ \overline{D}$，在 $C = 0$，$D = 1$ 时，$Y =$ _____。

4. 在 $C=0$，$D=1$ 时，函数 $F=\overline{ACD}+\overline{CD}$ 的值为_____。

5. 逻辑函数 $F=\overline{A}\,\overline{B}+\overline{A}B+A\overline{B}+AB=$ _____。

6. 函数 $Y=1\oplus 1\oplus 1\oplus 1\oplus 1=$ _____。

7. 逻辑函数的表示方法有四种，分别是_____，_____，_____，_____。

二、判断题

1. 数字电路中用"1"和"0"分别表示两种状态，二者无大小之分。（　　）

2. 在时间和幅度上都断续变化的信号是数字信号，语音信号不是数字信号。（　　）

3. 若两个函数具有相同的真值表，则两个逻辑函数必然相等。（　　）

4. 逻辑函数 $Y=A\overline{B}+\overline{A}B+\overline{B}C+B\overline{C}$ 已是最简与或表达式。（　　）

5. 若两个函数具有不同的真值表，则两个逻辑函数必然不相等。（　　）

6. 因为逻辑表达式 $A+B+AB=A+B$ 成立，所以 $AB=0$ 成立。（　　）

7. 已知 $AB+C=AB+D$，则可得 $C=D$。（　　）

8. 若两个函数具有不同的逻辑函数式，则两个逻辑函数必然不相等。（　　）

9. 用卡诺图化简逻辑函数，圈1格时，不可以重复圈某一个1格。（　　）

三、单项选择题

1. 十进制数 25 用 8421BCD 码表示为（　　）。

A. 10101　　　　　B. 00100101　　　　　C. 100101　　　　　D. 11001

2. 在（　　）输入情况下，"与非"运算的结果是逻辑0。

A. 全部输入是0　B. 任一输入是0　C. 仅一输入是0　D. 全部输入是1

3. 当逻辑函数有 n 个变量时，则共有（　　）个变量取值组合。

A. n　　　　　　B. $2n$　　　　　　C. n^2　　　　　　D. 2^n

4. 以下表达式中符合逻辑运算法则的是（　　）。

A. $C\cdot C=C^2$　　B. $1+1=10$　　　C. $0<1$　　　　D. $A+1=1$

5. 在函数 $F=AB+CD$ 的真值表中，$F=1$ 的状态有多少（　　）个。

A. 2　　　　　　　B. 4　　　　　　　C. 6　　　　　　　D. 7

四、多项选择题

1. 下列现象中，是数字量的是_____。

A. 手电筒开关　　　　　　　　　　B. 普通水龙头中的流水量

C. 汽车的车门开关　　　　　　　　D. 房间内的温度

2. 利用卡诺图化简时，可以把相邻的_____个1格圈在一起。

A. 2　　　　　　　B. 4　　　　　　　C. 6　　　　　　　D. 8

3. 逻辑函数的表示方法中具有唯一性的是_____。

A. 真值表　　　　B. 表达式　　　　C. 逻辑图　　　　D. 卡诺图

4. 在_____输入情况下，"或非"运算的结果是逻辑0。

A. 全部输入是0　　　　　　　　　　B. 全部输入是1

C. 任一输入为0，其他输入为1　　　D. 任一输入为1

五、计算分析题

1. 将下列十进制数转换为二进制数：

24　　　　　　　　63　　　　　　　　129　　　　　　　　365

2. 将下列二进制数转换成十进制数：

| 1011 | 11010 | 1110101 | 10100011 |

3. 将下列二进制数转换成十六进制数：

| 10101111 | 1110101 | 10101001101 |

4. 将下列十六进制数转换成二进制数：

| 5E | 2D4 | F0 |

5. 将下列十进制数转换成十六进制数：

| 37 | 312 | 125 |

6. 将下列十六进制数转换成十进制数：

| A0 | F43 | 6A | 10 |

7. 当变量 A、B、C 取哪些组合时，下列逻辑函数 L 的值为1：

1）$L = A\bar{B} + B\bar{C}$

2）$L = \overline{AB + BC} \cdot (A + B)$

8. 写出图1-20中各逻辑图输出 L 的逻辑表达式（提示：根据逻辑图逐级写出输出端的逻辑函数式）。

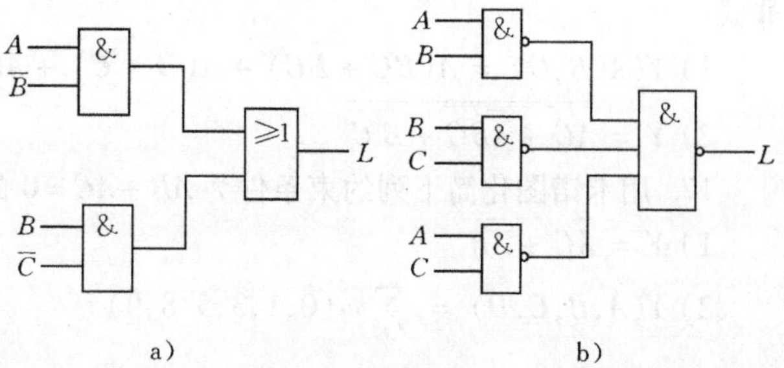

9. 试画出下列逻辑函数表达式的逻辑图：

1）$L = \overline{AB + CD}$

2）$L = (A + B) \cdot (C + D) \cdot (A + C)$

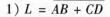

a)   b)

图 1-20

10. 用真值表验证下列等式：

1）$AB + \bar{A}\bar{B} = \overline{A\bar{B} + \bar{A}B}$

2）$A\bar{B} + BC + AC = A\bar{B} + BC$

11. 利用代数法证明下列等式：

1）$A\bar{B} + \bar{A}B + BC = A\bar{B} + \bar{A}B + AC$

2）$\overline{A \oplus B} = AB + \bar{A}\bar{B}$（提示：$A \oplus B = \bar{A}B + A\bar{B}$ 叫做异或函数，$AB + \bar{A}\bar{B} = A \odot B$ 叫做同或函数。即证明异或非逻辑函数等于同或逻辑函数）

12. 试根据逻辑函数 Y_1、Y_2 的真值表（见表1-6），分别写出它们的与或表达式。

表 1-6

A	B	C	Y_1	Y_2
0	0	0	0	1
0	0	1	0	0
0	1	0	1	0
0	1	1	0	1
1	0	0	1	1
1	0	1	0	0
1	1	0	0	1
1	1	1	1	0

13. 将下列函数展开为最小项表达式:

1) $Y(A, B, C) = AB + BC + CA$

2) $Y(J, K, Q) = J\overline{Q} + \overline{K}Q$

14. 用卡诺图化简下列逻辑函数为最简与或式:

1) $Y = AB + \overline{A}BC + \overline{A}B\overline{C}$

2) $Y = \overline{\overline{AB} + BC} + B\overline{C}$

3) $Y = A\overline{B} + ABC + BC + B\overline{C}$

15. 用卡诺图化简下列逻辑函数为最简与或表达式:

1) $Y(A,B,C) = \sum m(2,3,4,5)$

2) $Y(A,B,C,D) = \sum m(4,5,6,7,8,9,10,11,12,13)$

3) $Y(A,B,C,D) = \sum m(0,4,6,8,10,12,14)$

16. 将下列函数化简并转换为与或式、与非 - 与非式、或与式、与或非式和或非 - 或非式:

1) $Y(A,B,C) = A(B\overline{C} + \overline{B}C) + A(B + C) + A\overline{B}\,\overline{C} + \overline{A}\,\overline{B}C$

2) $Y = \overline{\overline{\overline{AC} + \overline{ABC}} + \overline{B}\,\overline{C}}$

17. 用卡诺图化简下列约束条件为 $AB + AC = 0$ 的逻辑函数:

1) $Y = \overline{A}C + \overline{A}B$

2) $Y(A,B,C,D) = \sum m(0,1,3,5,8,9)$

第二章　逻辑门电路

数字电路也称为逻辑电路，在数字电路中，逻辑门电路就是指能实现基本逻辑关系的电路，逻辑门电路是数字电路的基本单元电路。本章在介绍分立元件门电路之后，重点讨论 TTL 和 CMOS 集成逻辑门电路，最后讨论 TTL 电路和 CMOS 电路相互连接的方法和接口电路。

第一节　逻辑状态与正负逻辑

一、逻辑状态和正负逻辑的规定

在逻辑电路中，电位的高低是相互对立的逻辑状态，可用逻辑 1 和逻辑 0 分别表示。有两种不同的表示方法，规定如下：

用逻辑 1 表示高电平，用逻辑 0 表示低电平，这种表示方法称为正逻辑体制，简称正逻辑（positive logic）。

反之，若用逻辑 1 表示低电平，用逻辑 0 表示高电平，这种表示方法称为负逻辑体制，简称负逻辑（negative logic）。

对于同一个电路，可以采用正逻辑也可以采用负逻辑，但应事先规定，因为即使同一种电路，由于选择的正、负逻辑体制不同，功能的表示方法也不相同，本书若无特殊说明，均采用正逻辑。

二、标准高低电平的规定

由于电路所处环境温度的变化、电源电压的波动、负载的大小以及电路中元器件参数的分散性和干扰等因素的影响，实际的高低电平都不是一个固定的值。通常高低电平都有一个允许的变化范围，只要能够明确区分开这两种对应的状态就可以了。在实际应用中，若高电平太低，或低电平太高，都会使逻辑 1 或逻辑 0 这两种逻辑状态区分不清，从而破坏了原来确定的逻辑关系。因此，规定了高电平的下限值，并称它为标准高电平，用 U_{SH} 表示，同样也规定了低电平的上限值，称为标准低电平，用 U_{SL} 表示。在实际的逻辑系统中，应满足高电平 $U_H \geqslant U_{SH}$，低电平 $U_L \leqslant U_{SL}$。图 2-1 为高低电平的逻辑赋值示意图。

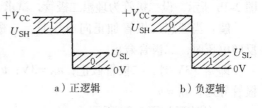

a）正逻辑　　　　　b）负逻辑

图 2-1　高低电平的逻辑赋值

第二节 分立元器件门电路

一、二极管门电路

（一）二极管的开关特性

1. 二极管的静态特性 在不考虑信号电压突变的情况下，二极管稳定导通或截止时的特性称静态特性。

二极管的主要特性是单向导电性。在二极管两端施加正向电压时，二极管导通。当二极管充分导通时，其管压降随电流的增加变化很小，基本为一定值，普通硅管约为 0.7V，锗管约为 0.3V，理想情况下可以认为二极管正向压降为零，相当于开关闭合。当二极管加反向电压时，二极管截止，反向电流 I_S 很小而且基本不变，可以认为反向电流近似为零，理想情况下，可以等效为一个断开的开关。

可见，**二极管在电路中具有开关作用。**

2. 二极管的动态特性 当二极管两端的电压突然变化、二极管从一种状态转换到另一种工作状态时的转换特性称动态特性。二极管的转换过程有两种，即从截止到导通的转换和从导通到截止的转换。

二极管从截止到导通所需的时间叫导通时间，导通时间很短，通常可以忽略。二极管从导通变为截止所需的时间叫反向恢复时间，它比导通时间长。

3. 二极管的开关参数 二极管的开关参数主要有：

1）最大正向电流 I_F：指二极管正向电流的最大允许值，当 $I_D > I_F$ 时，二极管的温度将超过允许值。

2）最大反向工作电压 U_R：指二极管反向电压的最大允许值，当 $U_反 > U_R$ 时，二极管的 PN 结将会有被击穿的危险。

3）反向恢复时间 t_{re}：指二极管在规定的负载、正向电流及最大反向瞬态电流的条件下，所测出的反向恢复时间。

4）零偏压电容 C_0：指二极管两端电压为零时的等效电容，C_0 越大，反向特性越差。

【例 2-1】 电路如图 2-2a 所示，输入电压的波形如图 2-2b 所示，设二极管为理想二极管，试求 u_0 电压波形。

解： 当理想二极管加正向电压时，二极管导通，加反向电压时，二极管截止。

即 $u_I > 3V$ 时，二极管截止，$u_0 = 3V$；$u_I < 3V$ 时，二极管导通，$u_0 = u_I$。

u_0 的波形如图 2-2c 所示。

此电路利用二极管的开关作用，把输入电压 $u_I > 3V$ 的部分削去，所以此电路称为削波电路，也称为上限限幅电路。

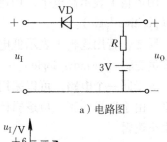

a）电路图

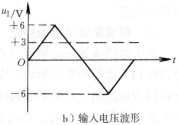

b）输入电压波形

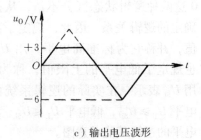

c）输出电压波形

图 2-2 例 2-1 的电压波形

（二）二极管与门电路

在数字电路中，门电路是最基本的逻辑元件，它的应用极为广泛。门电路的输入信号与输出信号之间存在着一定的逻辑关系，门电路又称为逻辑门电路。

图 2-3a 所示的是二极管与门电路，A、B 是它的两个输入端，Y 是输出端。图 2-3b 是它的逻辑符号。

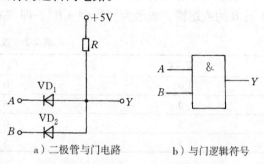

设输入低电平 $U_{IL} = 0V$，高电平 $U_{IH} = 5V$，当两个输入端有低电平时，对应的二极管导通，输出也为低电平，如果二极管的正向压降为 0.7V，则输出 $U_Y = 0.7V$。当两个输入端均为高电平 5V 时，二极管 VD_1、VD_2 均截止，输出电平 $U_Y = 5V$。

a) 二极管与门电路　　　b) 与门逻辑符号

图 2-3　二极管与门及其逻辑符号

当采用正逻辑时，高电平（高电位）用 1 表示，低电平用 0 表示。我们设 4V 以上为高电平，1V 以下为低电平，则可得与门电平关系表与与门真值表。

表 2-1 与表 2-2 是与门电平关系表和与门真值表。表 2-2 表明，只有当输入端 A 和 B 全为 1 时，输出 Y 才为 1，这符合与门的逻辑关系，所以，Y 等于 A 与 B 的与逻辑，表示为 "$Y = A \cdot B$"，即 "有 0 出 0，全 1 出 1"。

表 2-1　与门电平关系表

U_A/V	U_B/V	U_Y/V
0	0	0.7
0	5	0.7
5	0	0.7
5	5	5

表 2-2　与门真值表

A	B	Y
0	0	0
0	1	0
1	0	0
1	1	1

（三）二极管或门电路

图 2-4 所示分别为二极管或门电路和所对应的逻辑符号。

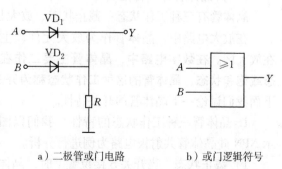

设输入低电平 $U_{IL} = 0V$，高电平 $U_{IH} = 5V$。当两个输入端有高电平时，对应的二极管导通，输出为高电平，若二极管导通电压为 0.7V，则 $U_Y = 4.3V$。当两个输入端均为低电平 0V 时，二极管 VD_1、VD_2 均截止，输出电平 $U_Y = 0V$。

a) 二极管或门电路　　　b) 或门逻辑符号

图 2-4　二极管或门及其逻辑符号

设1V以下为低电平，用0表示，4V以上为高电平，用1表示，可得或门电路的电平关系表和对应的真值表，如表2-3与表2-4所示。

从表2-4可以看出，A、B中只要有1，则输出为1，符合或门逻辑关系，所以，Y等于A与B的或逻辑，表示为"$Y = A + B$"，即"有1出1，全0出0"。

表2-3　或门电平关系

U_A/V	U_B/V	U_Y/V
0	0	0
0	5	4.3
5	0	4.3
5	5	4.3

表2-4　或门真值表

A	B	Y
0	0	0
0	1	1
1	0	1
1	1	1

二极管构成的与门以及或门电路的输入端可以多于两个，如图2-5所示。

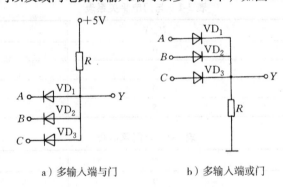

a）多输入端与门　　　　　b）多输入端或门

图2-5　多输入端与门和或门

二、晶体管门电路

（一）晶体管开关特性

晶体管有三种工作状态：截止状态、放大状态和饱和状态。

在放大电路中，晶体管作为放大元件，主要工作在放大区。**在数字电路中，晶体管主要工作在截止状态或饱和状态，晶体管的这种工作状态称为开关状态。**下面我们讨论一下晶体管的开关特性。

1. 晶体管三种工作状态的特性　我们以图2-6所示 NPN 硅晶体管共射极电路为例进行分析。

1）截止状态　当开关 S 接位置1时，晶体管发射结电压 $U_{BE} < U_T$（死区电压），$I_B \approx 0$，$I_C \approx 0$，$U_{CE} \approx$

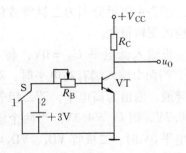

图2-6　晶体管的开关工作状态

V_{CC}，此时，晶体管集电极与发射极之间近似于开路，相当于开关断开状态。

2）放大状态 当开关 S 接位置 2 时，晶体管发射结正偏，$U_{BE} \approx 0.7V$，若 R_B 较大、I_B 较小时，晶体管工作在放大区，$I_C \approx \beta I_B$，$U_{CE} = V_{CC} - I_C R_C = V_{CC} - \beta I_B R_C$。若 I_B 较小，则 I_C 较小，U_{CE} 较大，$U_{CE} > U_{BE}$，集电结反偏，晶体管工作在放大区，具有电流放大作用，$I_C \approx \beta I_B$。

3）饱和状态 随着 R_B 的减小，I_B 增加，I_C 也随之增加，$U_{CE} = V_{CC} - I_C R_C$ 减小，当 $U_{CE} < U_{BE} \approx 0.7V$ 时，晶体管集电结正偏，晶体管进入饱和区，失去电流的比例放大作用，此时，如果 R_B 进一步减小，晶体管集电极电流几乎不再增加，此时，$I_C < \beta I_B$，集电极与发射极之间的电压很小，$U_{CE} = U_{CES} \approx 0.3V$（饱和时的集射极电压称为集射极饱和压降，用 U_{CES} 表示，小功率硅管 $U_{CES} \approx 0.3V$），集电极与发射极之间等效电阻很小，近似于短路，此时，集电极和发射极之间相当于开关闭合状态。

由此可见，**晶体管具有开关作用，截止时相当于开关断开，饱和时相当于开关闭合。**当晶体管作为开关使用时，应工作在饱和或截止状态。

2. 晶体管的动态特性 晶体管作为开关应用时，在饱和导通（开关闭合）和截止（开关断开）状态之间进行相互转换时，和二极管一样，也需要经过一定的时间。晶体管由截止到饱和导通的时间称为开启时间，用 t_{on} 表示，晶体管由饱和导通到截止的时间称为关闭时间，用 t_{off} 表示。

开启时间 t_{on} 和关闭时间 t_{off}，总称为晶体管的开关时间，它们随着管子的不同有很大的差别。通常 $t_{off} > t_{on}$，这里因为在饱和状态下，发射结正偏，集电结正偏，集电极收集载流子的能力有限，发射极注入到基区的电荷会在基区积累，当晶体管脱离饱和状态时，这些电荷从基区消散需要一段时间，这段时间晶体管的集电极仍有较大的电流。要减小 t_{off}，可以采用降低晶体管的饱和程度或加大基极和发射极之间的反向电压和反向驱动电流以加速过剩电荷的消散。

3. 晶体管的开关参数 晶体管的许多参数在模拟电路中已作过介绍，这里我们介绍一下晶体管与开关特性有关的一些参数。

1）饱和压降 U_{BES}、U_{CES} 晶体管工作在饱和状态时，硅管 $|U_{BES}|$ 约为 0.7V，锗管约为 0.3V；硅管 $|U_{CES}|$ 约为 0.3V，锗管约为 0.1V。

2）开启时间 t_{on} 和关闭时间 t_{off} 手册中给出的这两个参数是在规定的正向导通电流和反向驱动电流条件下测得的，所以一定要注意测试条件。开启时间 t_{on} 和关闭时间 t_{off} 总称为晶体管的开关时间，一般在几十纳秒至几十微秒时间内。

（二）晶体管反相器

1. 反相器的工作原理 前面讨论的晶体管开关电路，实际上就是一个反相器，为了提高反相器的低电平抗干扰能力，反相器电路通常如图 2-7a 所示，输入信号的波形如图 2-7b 所示。

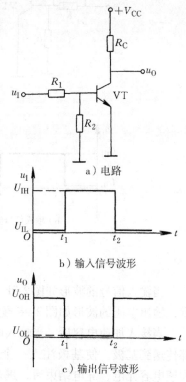

a）电路

b）输入信号波形

c）输出信号波形

图 2-7 反相器

当输入低电平时，晶体管截止，$i_C \approx 0$，输出高电平，$u_O = U_{OH} \approx V_{CC}$。

当输入高电平时，若 R_1、R_2、R_C 选择适当，使得晶体管的基极电流 i_B 足够大，则晶体管饱和，输出低电平，$u_O = U_{OL} = U_{CES} \approx 0.3V$。

图 2-7c 为忽略晶体管开关时间情况下的输出电压波形。从图中可以看出，输入低电平时，输出为高电平；输入高电平时，输出为低电平；输出电压与输入电压反相，所以该电路称为反相器。

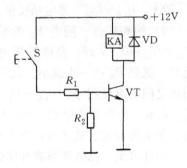

例如，利用晶体管反相器构成的继电器驱动电路如图 2-8 所示。图中 S 为机床中的接触开关，当机床运行触碰到 S 时，S 闭合，晶体管饱和，继电器 KA 吸合。KA 的触点可以控制保护电路或报警电路，也可以控制机床的驱动电路。

图 2-8　继电器驱动电路

2. 反相器的改进电路　若考虑晶体管的开关时间，反相器输出信号的实际波形将产生延迟，影响反相器的工作速度，可利用加速电容改善晶体管的开关特性，提高反相器的工作速度，其电路如图 2-9a 所示。

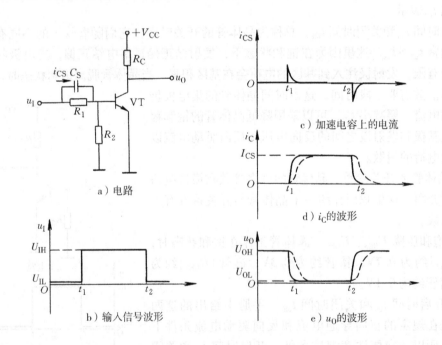

图 2-9　加速电容的作用

当输入信号的波形如图 2-9b 所示时，若没有接加速电容 C_S，其 i_C 波形如图 2-9d 虚线所示，输出电压的波形如图 2-9e 虚线所示。

当接入加速电容后，当输入电压由 U_{IL} 跳变至 U_{IH} 时，电容 C_S 相当于短路，u_I 的跳变全部传送到基极，使基极注入一个很大的正向基极电流，减小了开启时间 t_{on}。在此过程中，加速电容充电，充电结束后，进入稳态，此时，电容相当于开路，不影响反相器的工作。当输入电压由 U_{IH} 跳变至 U_{IL} 时，电容 C_S 两端电压不能突变，晶体管基极的电位也跟着下跳，发射结上的电压为一个较大的反向电压，可在瞬间形成很大的反向电流，使晶体管迅速截止。在此过程中，电容迅速放电，放电完结后，进入稳态，相当于开路，稳态时的 u_{BE} 由 U_{IL} 决定，与 C_S 无关。接入加速电容后，反相器的 i_C 与 u_O 波形分别如图 2-9d 和图 2-9e 中实线所示。

电容 C_S 缩短了 t_{on}、t_{off}，因此，可以提高晶体管在饱和状态和截止状态之间相互转换的速度。工作频率在 100kHz 以下的电路，C_S 可取 300～1000pF；工作频率在 100kHz～10MHz 范围的电路，C_S 可取 20～300pF；工作频率大于 10MHz 时，C_S 可取 5～100pF。

3. 反相器的带负载能力　负载就是指反相器输出端所接的其他电路。根据负载电流的方向，可把负载分为两类：一类是灌电流负载，其电流方向是由有源负载流入反相器的输出端；一类是拉电流负载，电流方向是从反相器流向负载。

1）带灌电流负载能力　当反相器输出低电平时，负载电流通常是流入的。如图 2-10 所示，当反相器输出低电平时，二极管 VD_1 导通，负载电流 i_L 是流进反相器的，故为灌电流负载。

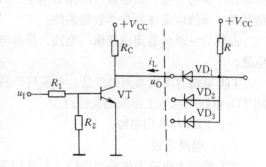

图 2-10　灌电流负载

当输入为高电平时，晶体管 VT 饱和，输出低电平 $u_O = 0.3V$，这时的集电极电流为：$i_C = I_{RC} + i_L$，为使晶体管维持在饱和状态，必须满足 $i_C < \beta i_B$，即满足

$$i_C = I_{RC} + i_L < \beta i_B$$

若灌电流太大，可能会破坏晶体管的饱和条件，使晶体管进入放大状态，集电极电压即输出电压 u_O 上升，超出低电平的最大允许值。

另外，i_C 的最大值也不能超过晶体管的最大允许电流 I_{CM}，即

$$I_{RC} + i_L \leq I_{CM}$$

输出高电平时，二极管 VD_1 截止，负载电流几乎为零。所以，反相器带灌电流负载时，主要考虑输出为低电平时的带灌电流负载能力。可以看出带灌电流的能力与电路参数和晶体管的 I_{CM}、β 有关。

2）带拉电流负载的能力　当反相器输出高电平时，负载电流通常是流出的，如图 2-11 所示，故称为拉电流负载。

输入低电平时，晶体管 VT 截止，输出高电平，$u_O = U_{OH} = V_{CC} - i_L R_C$（因为 $i_C \approx 0$）。i_L 增大时，输出高电平将下降。为使反相器正常工作，输出高电平应满足 $U_{OH} \geq U_{SH}$，即

$$u_O = U_{OH} = V_{CC} - i_L R_C \geq U_{SH}$$

输入高电平时，晶体管 VT 饱和，$u_O = U_{OL} = 0.3V$，二极管截止，拉电流很小。因此，主要考虑输出高电平时的带拉电流负载的能力。

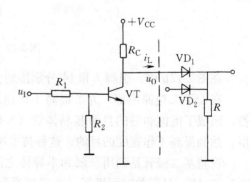

图 2-11　拉电流负载

第三节 晶体管－晶体管集成逻辑门电路（TTL）

上节所介绍的门电路是由分立元件组成的，本节我们介绍一种常见的集成逻辑门电路：晶体管－晶体管集成逻辑门电路，简称 TTL（Transistor－Transistor Logic）电路。

TTL 电路是以双极型半导体管和电阻为基本元件，集成在一块硅片上，并具有一定逻辑功能的集成电路。它是一种双极型集成逻辑电路（所谓双极型器件是指在晶体管内部有两种载流子参与导电，而场效应晶体管基本上只有一种载流子参与导电，所以，晶体管是双极型器件，场效应晶体管是单极型器件）。

晶体管－晶体管集成逻辑门电路，是指电路的输入端和输出端都采用晶体管，简称 TTL电路。

TTL 电路有不同系列的产品，各系列产品的参数不同，下面我们以 LSTTL 电路为例，介绍 TTL 电路的基本工作原理及特点。

一、TTL 与非门电路

（一）电路组成

TTL 的基本电路形式是与非门，与非门 74LS00 是一种四 2 输入的与非门，其内部有四个两输入端的与非门，其电路图和引脚图如图 2-12 所示。

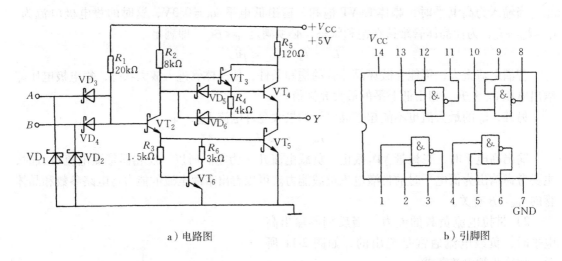

a）电路图   b）引脚图

图 2-12 与非门 74LS00

在图 2-12b 中，引脚 7 和 14 分别接地（GND）和电源（+5V 左右）。

在 LSTTL 电路内部，为了提高工作速度，利用了肖特基二极管（Schottky diode）的特性，组成了抗饱和型的肖特基晶体管（Schottky transistor），有效地降低了晶体管的饱和深度，达到提高工作速度的目的，这种技术叫做抗饱和技术。

肖特基二极管是利用金属和半导体之间的接触势垒所制成的二极管，其正向压降约为 0.3~0.4V，且开关时间极短（小于普通开关二极管的十分之一）。肖特基二极管的符号以及肖特基晶体管的电路及符号如图 2-13 所示。

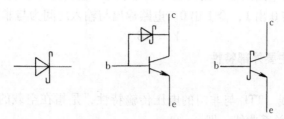

a)肖特基二极管　　b)肖特基晶体管电路图　　c)肖特基晶体管符号

图 2-13　肖特基二极管及肖特基晶体管符号

在图 2-13b 中，当晶体管饱和时，集电结正偏，肖特基二极管导通，将集电结正向偏压钳制在 0.3~0.4V 之间，使晶体管处于浅饱和状态（或称抗饱和状态）。由于肖特基二极管的分流，晶体管基极电流减小，饱和深度降低，开关时间减小，工作速度提高。

LSTTL 与非门电路由输入级、中间倒相级和输出级三部分组成。

1. 输入级　由电阻 R_1、肖特基二极管 VD_1、VD_2、VD_3、VD_4 组成。VD_1、VD_2 为输入端钳位二极管，它们能限制输入端可能出现的负极性干扰脉冲，以保护输入极，当输入端信号为正时，二极管截止，不起作用。

输入级可完成与逻辑功能。

2. 中间倒相级　由 VT_2、R_2、VT_6、R_3 和 R_6 组成，它的作用是将输入级送来的信号分成两路输出：一路是 VT_2 的发射极，它与基极输入信号同相，并供给输出管以必要的驱动电流；一路是 VT_2 的集电极，它与基极输入信号反相；这个过程称为倒相。VT_6、R_3 和 R_6 组成 VT_5 的有源泄放网络，当 VT_5 由饱和状态退出时，其基极的过剩电荷可通过有源泄放网络泄放，开关时间减小，可改善瞬态特性，提高工作速度。

3. 输出级　由 VT_3、VT_4、VT_5 和 VD_5、VD_6、R_4、R_5 组成。VT_3 和 VT_4 为达林顿上拉电路，它和 VT_5 组成推拉式输出电路，R_5 为限流电阻。推拉工作方式有利于提高驱动能力和工作速度以及减少功耗。推拉工作方式又称为图腾柱输出方式。

（二）工作原理

1. 输入有低电平时　设输入端 A 为低电平 0.35V，B 为高电平 3.4V。由图 2-12a 可知，与 A 端相连的肖特基二极管 VD_3 正偏，流过 R_1 的电流 I_{R1} 通过 VD_3 流入 A 输入端。假设 $U_{VD3} = 0.35V$，则 $U_{B2} = 0.7V$，晶体管 VT_2、VT_5、VT_6 截止，U_{C2} 约为 5V 左右。VT_3 和 VT_4 导通，输出高电平 $U_{OH} = U_{C2} - U_{BE3} - U_{BE4} \approx 5 - 0.7 - 0.7 = 3.6V$。当输出端接有负载时，$VT_3$ 的基极有一定的电流，在 R_2 上会产生一定的压降，实际的输出高电平约为 3.4V。在此状态下，输出管 VT_5 截止，故称电路处于截止状态或关门状态。此时，VT_3 和 VT_4 导通，从输出端看进去的等效电阻是很小的，相当于射极跟随器的输出电阻。

2. 输入全为高电平时　输入全为高电平 3.4V 时，VD_3、VD_4 截止，电源电压 V_{CC} 通过电阻 R_1 向 VT_2 注入基极驱动电流，使 VT_2 饱和，VT_2 向 VT_5 的基极注入电流，使 VT_5 管工作于浅饱和状态，故输出低电平 $U_{OL} \approx 0.35V$。这时，$U_{E2} = 0.7$，$U_{C2} = U_{E2} + U_{CES2} \approx 1V$，$U_{C2}$ 这个电压不足以使 VT_3 和 VT_4 都导通，所以 VT_4 截止，输出端和电源之间可看成开路，减少了电路功耗。此时，输出管 VT_5 饱和导通，故称电路处于导通状态或开门状态。

由以上分析可知,当电路的任一输入端有低电平时,输出为高电平;当输入全为高电平时,输出为低电平,即有 0 出 1,全 1 出 0。电路输出与输入之间为与非逻辑关系,即

$$Y = \overline{AB}$$

二、TTL 与非门的主要外部特性

(一) 电压传输特性

1. 电压传输特性曲线　　TTL 与非门的电压传输特性,是指在空载的条件下,输入电压 u_I 与输出电压 u_O 之间的关系曲线,即

$$u_O = f(u_I)$$

图 2-14a、b 分别为 LSTTL 与非门电压传输特性的测试电路和电压传输特性曲线。

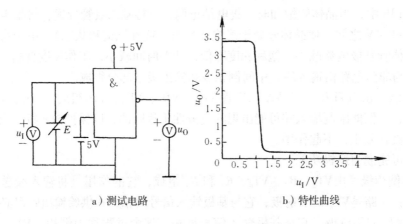

a) 测试电路　　　　　　　　　b) 特性曲线

图 2-14　LSTTL 与非门电压传输特性

2. LSTTL 与非门的抗干扰能力　　从电压传输特性曲线上可以看到,当输入信号偏离低电平 0.35V 而上升时,输出的高电平并不立即下降。同样,当输入信号偏离高电平 3.4V 而下降时,输出的低电平也不立即上升。因此,在数字系统中,即使有噪声电压叠加到输入信号的高、低电平上,只要噪声电压的幅度不超过允许的界限,就不会影响输出的逻辑状态。通常把这个界限叫做噪声容限,电路的噪声容限愈大,其抗干扰能力就愈强。

(二) TTL 与非门的输入特性

1. 输入伏安特性　　输入伏安特性是用以描述输入电压与输入电流之间的关系曲线。

图 2-15a 为测试输入伏安特性的电路,图 2-15b 为 LSTTL 与非门的输入特性曲线。

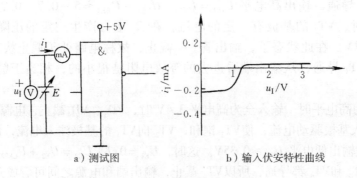

a) 测试图　　　　　　　　　b) 输入伏安特性曲线

图 2-15　LSTTL 与非门输入特性

当 $u_I = 0$ 时，LSTTL 与非门内部电路中 VT_2 是截止时，电阻 R_1 的电流全部流入输入端，$i_I = -I_{IS} = -\dfrac{V_{CC} - U_{VD3}}{R_1} = -\dfrac{5V - 0.35V}{20k\Omega} \approx -0.23mA$，电流 I_{IS} 称为输入短路电流。

随着 u_I 的增加，i_I 的绝对值在减小，当 u_I 增加到一定程度时，VT_2 开始导通，I_{R1} 的一部分流入 VT_2 的基极，i_I 的减小速度加快，当 u_I 足够大时，i_I 的方向由负变正。此时，肖特基二极管反偏，i_I 的数值较小，小于 $20\mu A$。以后 u_I 继续增加，i_I 仅有微小增加，可以认为基本不变。

由此可以看出，**LSTTL 与非门带同类门负载，输出低电平时，有灌电流流入，此电流较大；输出高电平时，只有较小的拉电流。**

2. 输入端负载特性　该特性是指输入端对地接上电阻 R_1 时，u_I 随 R_1 变化的关系曲线，称为输入端负载特性。测试图见图 2-16a，曲线示于图 2-16b。

由图 2-16b 可以看到，u_I 较小时，u_I 随 R_1 的增大而上升，但当输入电压上升到 1V 左右时，再增加 R_1 的值，由于 u_{B2} 钳位在 1.4V 不变，因此 $u_I = u_{B2} - u_{VD} \approx 1V$ 也将保持不变。这时，VT_2、VT_5 饱和，输出为低电平 0.35V。

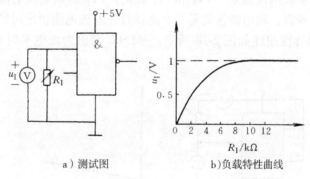

a）测试图　　　　　b）负载特性曲线

图 2-16　LSTTL 与非门输入端负载特性

1）关门电阻 R_{OFF}　从图中可以看出，若 R_1 较小时，对应的输入端为低电平，输出为高电平，把维持输出端为高电平时所允许的输入端所接电阻的最大值称为关门电阻 R_{OFF}。若 $R_1 < R_{OFF}$，输入端相当于接低电平，电路处于关门状态，输出高电平。

2）开门电阻 R_{ON}　从图中可以看出，当 u_{B2} 达到 1.4V 时，u_I 的值基本不再变化，流过 R_1 的电流 I_{R1} 也基本不变。若 R_1 增加，则流过它的电流减小，流入 VT_2 基极的电流增加。当 R_1 足够大时，i_{B2} 足够大，VT_2 饱和，VT_5 饱和，输出低电平 $U_{OL} = 0.35V$。

因此，把维持输出为低电平时所允许的输入端所接电阻的最小值称为开门电阻 R_{ON}，当 $R_1 \geq R_{ON}$ 时，输入端相当于接高电平，与非门处于开门状态，输出为低电平。

由此可见，LSTTL 与非门输入端悬空相当于接高电平。事实上，**TTL 电路输入端悬空均相当于高电平。**当希望某输入端为低电平时，对地所接的下拉电阻必须小于 R_{ON}。

（三）TTL 与非门的输出特性

输出特性是描述与非门输出电压 u_O 与负载电流 i_L 的关系曲线。

1. 输出高电平、带拉电流负载时的输出特性　当 $u_I = 0.35V$ 时，空载时输出为 $u_O = 3.4V$，当负载电流较小时，VT_3、VT_4 工作在射极跟随器状态，其输出电阻很小，因此，输出电压随负载变化较小。当 i_L 较大时，VT_3 进入饱和状态，电阻 R_5 上的电压将随 i_L 增大而增加，输出电压下降。测试图和特性曲线见图 2-17 所示。74LS00 输出为高电平时，允许的拉电流为 4mA 左右，大于此值时，u_O 降低较快，可能会低于允许的标准高电平。

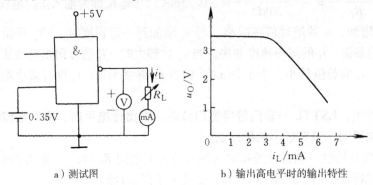

a）测试图   b）输出高电平时的输出特性

图 2-17   LSTTL 与非门输出高电平时的输出特性

2. 输出低电平、带灌电流负载时的输出特性   当输入全为高电平时，输出为低电平，此时，VT_5 管饱和，基极电流恒定，VT_3 和 VT_4 截止，VT_5 的集电极电流即为负载电流，从外电路流入 VT_5 管。所以，输出特性就是一个晶体管在基极电流恒定时的共射接法的输出特性曲线，测试电路和特性曲线如图 2-18 所示。74LS00 输出为低电平时允许的灌电流较大，约为 8mA 左右。

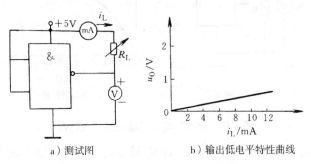

a）测试图   b）输出低电平特性曲线

图 2-18   LSTTL 与非门输出低电平时的输出特性

（四）TTL 门电路的主要参数

门电路的参数反映着门电路的特性，是合理使用门电路的重要依据。

1. 输出高电平 U_{OH} 性能较好的器件空载时 U_{OH} 约为 4V 左右。手册中给出的是在一定测试条件下（通常是最坏的情况）所测量的最小值。正常工作时，U_{OH} 不小于手册中给出的数值。74LS00 的 U_{OH} 为 2.7V。

2. 输出低电平 U_{OL} U_{OL} 也是在额定的负载条件下测试的，应注意手册中的测试条件。手册中给出的通常是最大值。74LS00 的 $U_{OL} \leq 0.5V$。

3. 低电平输出时的电源电流 I_{CCL} I_{CCL} 是指输入端全部开路、输出端也开路的情况下，电源提供的总电流。此时，VT_5 导通，输出低电平。I_{CCL} 和电源电压 V_{CC} 的乘积就是该与非门的空载导通功耗 P_{on}。74LS00 的 $I_{CCL} \leq 4.4mA$。

4. 高电平输出时的电源电流 I_{CCH} I_{CCH} 是指输入端接地、输出端空载时电源提供的总电流。此时，VT_5 截止，输出高电平。I_{CCH} 与电源电压 V_{CC} 的乘积就是该与非门的空载截止功耗

P_{off}。74LS00 的 $I_{CCH} \leqslant 1.6 \text{mA}$。

5. 输入短路电流 I_{IS} I_{IS} 是指输入端有一个接地、其余输入端开路时流入接地输入端的电流。在多级电路联接时，I_{IS} 实际上就是灌入前级的负载电流。显然，I_{IS} 大，则前级带同类与非门的能力下降。74LS00 的 $I_{IS} \leqslant 0.4 \text{mA}$。

6. 高电平输入电流 I_{IH} I_{IH} 是指一个输入端接高电平、其余输入端接地时流入该输入端的电流。I_{IH} 实际上就是前级电路的拉电流负载。74LS00 的 $I_{IH} \leqslant 20 \mu \text{A}$。

7. 输入高电平最小值 U_{IHmin} 当输入电平高于该值时，输入的逻辑电平即为高电平。74LS00 的 $U_{IHmin} = 2 \text{V}$。

8. 输入低电平最大值 U_{ILmax} 只要输入电平低于 U_{ILmax}，输入端的逻辑电平即为低电平。74LS00 的 $U_{ILmax} = 0.8 \text{V}$。

9. 扇出系数 N_o N_o 是指与非门正常工作时，能够驱动同类与非门的个数。从 TTL 与非门的输出特性可以看出，TTL 与非门输出低电平时，带灌电流负载，TTL 与非门输出高电平时，带拉电流负载。根据其带负载的能力和其 I_{IS}、I_{IH}，可以计算出扇出系数。

10. 平均传输时间 t_{pd} t_{pd} 是指电路导通传输延迟时间 t_{rd} 和截止延迟时间 t_{fd} 的平均值。规定从输入电压上升到最大幅度的 50% 开始到输出电压下降到最大幅度的 50% 之间的时间间隔，称为导通延迟时间 t_{rd}；从输入电压下降到最大幅度的 50% 开始到输出电压上升到最大幅度的 50% 之间的时间间隔，称为截止延迟时间 t_{fd}。74LS00 的 $t_{pd} = 9.5 \text{ns}$。

【例 2-2】   图 2-19a 所示为 74LS00 与非门构成的电路，A 端为信号输入端，B 端为控制端，试根据其输入波形画出其输出波形。

解： 如图，当控制端 B 为 0 时，不论 A 为什么状态，输出端 L 总为高电平，Y 总为低电平，信号不能通过；当控制端 B 为 1 时，$L = \overline{A \cdot B} = \overline{A \cdot 1} = \overline{A}$，$Y = \overline{L} = \overline{\overline{A}} = A$，输入端 A 的信号可以通过，输出信号 Y 随输入信号 A 的状态变化，其输出波形如图 2-19d 所示。

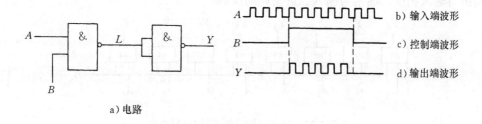

图 2-19 例 2-2 图

可以看出，在 $B = 1$ 期间，输出信号和输入信号相同，该电路可作为数字频率计的受控传输门，在控制信号 B 的作用下，可传输数字信号。当控制信号 B 的脉宽为一秒时，该与非门在一秒钟内输出的脉冲个数等于 A 输入端的输入信号的频率。

三、TTL 其他类型的门电路

为实现多种多样的逻辑功能，除与非门以外，还生产了多种类型的 TTL 单元电路。这些电路的基本部分与 TTL 与非门相似，有的只是在原与非门基础上稍作改动，而有的是由与非门的若干部分组合而成。下面我们介绍几种常见的其他类型的 LSTTL 门电路。

（一）或非门 74LS27

74LS27 是一种三 3 输入或非门。内部有三个独立的或非门，每个或非门有三个输入端，其引脚图与逻辑符号如图 2-20a、图 2-20b 所示。

其逻辑关系为：有高出低，全低出高（有 1 出 0，全 0 出 1），即：$Y = \overline{A + B + C}$。

74LS27 中每个或非门有三个输入端，若用它实现 $Y = \overline{A + B}$，对多余的输入端可以接地或与有用端并接，另外，也可以把它当作非门使用，如图 2-21 所示。

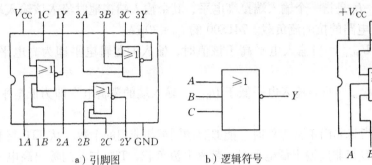

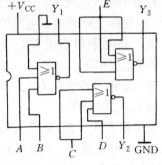

a）引脚图　　　　　　b）逻辑符号

图 2-20　74LS27 或非门电路　　　　　图 2-21　或非门无用端的处理

图中：$Y_1 = \overline{A + B + 0} = \overline{A + B}$；$Y_2 = \overline{C + C + D} = \overline{C + D}$；$Y_3 = \overline{E + E + E} = \overline{E}$。

（二）异或门 74LS86

74LS86 是一种四异或门，内部有四个异或门。其输出与输入之间的关系为：

$$Y = A\overline{B} + \overline{A}B = A \oplus B$$

图 2-22 所示是由异或门构成的电路。当控制端 B 为低电平时，输出

$$Y_i = A_i\overline{B} + \overline{A_i}B = A_i \cdot \overline{0} + \overline{A_i} \cdot 0 = A_i \cdot 1 + \overline{A_i} \cdot 0 = A_i$$

输出与输入相等，输出为二进制码的原码（即正码）。当控制端 B 为高电平时，输出

$$Y_i = A_i\overline{B} + \overline{A_i}B = A_i \cdot \overline{1} + \overline{A_i} \cdot 1 = A_i \cdot 0 + \overline{A_i} \cdot 1 = \overline{A_i}$$

输出与输入相反，输出为输入二进制码的反码。

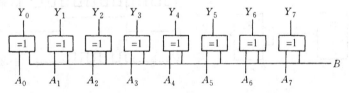

图 2-22　异或门构成的正码/反码电路

（三）三态门（TSL）

"三态门"（Three State Logic，简称 TSL）是在普通门电路的基础上，加上使能控制端和控制电路构成的，它的输出除了两种状态外，还有第三种状态——高阻状态或称禁止状态。使能控制端的作用是控制三态门的输出处于常态（高低电平）还是高阻状态。

1. 三态门的工作原理　图 2-23 给出了三态输出与非门的典型电路和逻辑符号。

与普通的与非门相比，电路中增加了一个输入端 E 和三个二极管（$VD_1 \sim VD_3$），输入端 E 称为使能端或控制端。当 E 为高电平时，二极管 VD_1、VD_2、VD_3 截止，此时三态门的工作状态和普通 LSTTL 与非门一样：$Y = \overline{AB}$。

当 E 为低电平时，二极管 VD_1 导通，VT_2 基极为低电位，VT_2、VT_5 截止。另外，由于二极管 VD_3 导通，晶体管 VT_3 的基级也为低电位，VT_3 和 VT_4 也截止。这时，从输出端看进去，VT_3、

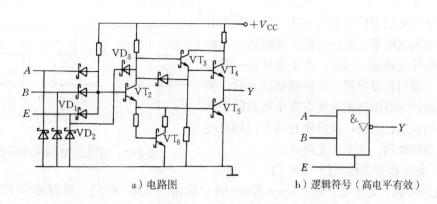

a）电路图　　　　　　　b）逻辑符号（高电平有效）

图 2-23　三态 LSTTL 与非门

VT_4、VT_5 均截止，电路处于第三种状态——禁止态（也称高阻态，high impedance state）。

当三态门的使能端为高电平时，电路处于工作状态，这种三态门称为高电平有效的三态门，其逻辑符号如图 2-23b 所示。

当三态门的使能端为低电平时，电路处于工作状态，这种三态门称为低电平有效的三态门，逻辑符号见图 2-24。

表 2-5 与表 2-6 分别是两种三态门的真值表。

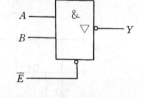

图 2-24　低电平有效的三态与非门

表 2-5　高电平有效的三态门真值表

E	A	B	Y
1	0	0	1
1	0	1	1
1	1	0	1
1	1	1	0
0	×	×	高阻

表 2-6　低电平有效的三态门真值表

$\overline{E}$	A	B	Y
0	0	0	1
0	0	1	1
0	1	0	1
0	1	1	0
1	×	×	高阻

2. 三态门的用途　利用三态门可以用同一根数据总线传送几组不同的数据或控制信号，如图 2-25 所示。

通常把接受信号的 $L-M$ 线称为母线或总线。只要 $\overline{E_1}$、$\overline{E_2}$、$\overline{E_3}$ 按时间顺序轮流出现低电平，那么，$\overline{AB}$、$\overline{CD}$、$\overline{FG}$ 三组信号就会轮流送到总线上。这种用总线传送数据或控制信号的方法，在计算机中广泛应用。

为了保证接至同一总线上的许多三态门能正常工作，在任一时刻只能有一个控制端为低电平，使该门的输出信号进入总线，而其余所有控制端均应为高电平，对应门处于高阻态，不影响总线上信号的传输。同时，为了保证任一时刻只有一个三态门传输数据，产生控制信号时，要求从工作态转为高阻态的速度应高于从高阻态转为工作态的速度，否则，就可能有两个门同时处于工作状态的瞬间，这是不允许的。

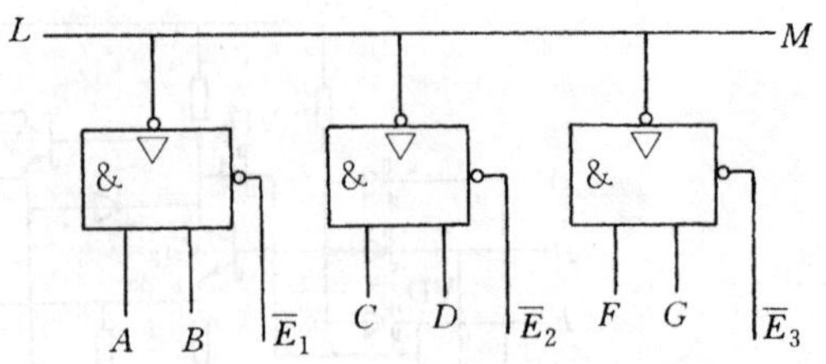

图 2-25　采用三态门的数据总线

（四）集电极开路输出门（OC 门）

1. 电路组成　集电极开路（Open Collector）输出门又称 OC 门，典型的 LSTTL 集电极开路与非门的电路图和逻辑符号见图 2-26 所示。

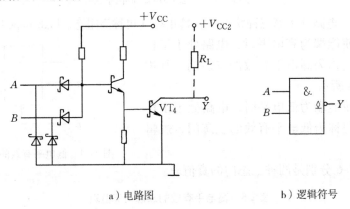

a）电路图　　　　　　　b）逻辑符号

图 2-26　集电极开路与非门

OC 门在使用时，一般必须外接负载电阻 R_L 或其他负载（如继电器、发光二极管等）和电源 V_{CC2} 后才能正常工作（如图中虚线所示），否则它的输出将变为另外两种状态，即：低电平和高阻态。图中 $Y = \overline{AB}$。

2. OC 门主要用途

1）实现"线与"功能　几个普通的 TTL 门电路，输出端是不允许直接接在一起的，而几个 OC 门的输出端可以连在一起。若将若干个 OC 门的输出端连接一个公用负载电阻 R_L，再接到电源 V_{CC2} 上，可以实现"线与"功能，如图 2-27 所示。

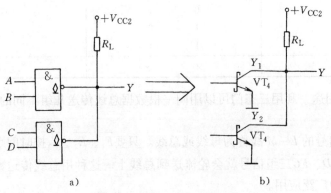

a）　　　　　　　　b）

图 2-27　OC 门实现"线与"

从图中可以看出，当输出端 Y_1、Y_2 中有低电平时，其对应的输出管 VT_4 是饱和的，总的输出 Y 被钳位在低电平；只有当 Y_1、Y_2 全为高电平，即所有输出管 VT_4 全部截止，输出才为高电平。故逻辑关系为：$Y = Y_1 \cdot Y_2 = \overline{AB} \cdot \overline{CD} = \overline{AB + CD}$。

这样，直接连线形成的与逻辑称为线与。利用线与可以实现与或非逻辑函数。多个 OC 门连接时，总的输出等于各个与非门输出的与逻辑，也可以说，若干个 OC 与非门输出端短接，外接公共电阻 R_L，可实现与或非运算。

2）实现电平转换　一般 LSTTL 电路输出高电平为 3.4V，低电平为 0.35V，若要把逻辑电平变换成更高（例如 15V）的输出电平，以满足其他形式的逻辑门电路或某些特殊的要求，只要使图 2-26 中的 V_{CC} 为 15V，则当 OC 门的输入有低电平时，输出管 VT_4 截止，输出高电平成为 V_{CC2}，等于 15V；当输入全为高电平时，输出管 VT_4 饱和，输出低电平仍为 0.35V，这样就实现了逻辑电平的转换。

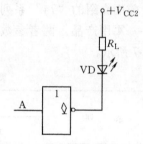

3）驱动显示器件和执行机构　可以用 OC 门直接驱动小电珠或发光二极管（需串联限流电阻），如图 2-28 所示。只要 R_L 与 V_{CC2} 值选择适当，当 $A = 1$ 时，因门中 VT_4 饱和导通，发光二极管发光；当 $A = 0$ 时，门中 VT_4 截止，发光二极管熄灭。OC 门还可以用来控制其他显示器件。

图 2-28　用 OC 非门驱动发光二极管

也常用 OC 驱动器去驱动一些工作电流较大的执行机构。例如六高压 OC 输出缓冲/驱动器 7406，输出低电平电流可达 40mA，V_{CC2}（外接电源）可高达 30V。

四、TTL 的不同系列

不同的使用场合，对集成电路的工作速度和功耗等性能有不同的要求，可选用不同系列的产品。目前，TTL 电路有以下几种不同的系列。

（一）74 系列

标准 TTL 系列，如 7400、7427、7486 都属于这一系列的产品。该系列功耗为 10mW 左右，平均传输延迟时间 t_{pd} 为 10ns 左右。该系列现已基本淘汰。

（二）74L 系列

低功耗 TTL 系列。电路形式与 74 系列相同，只是电路中电阻元件阻值较大，功耗为 1mW 左右，而代价是 t_{pd} 增大为 33ns 左右。该系列也已基本淘汰。

（三）74H 系列

高速 TTL 系列。与标准 TTL 系列相比，它做了两方面的改进：一是减小了电阻阻值，二是输出级的负载管采用了"达林顿"结构的复合管，从而提高了工作速度，把 t_{pd} 减小到 6ns，不过功耗上升到了 22mW。该系列也已基本淘汰。

（四）74S 系列

肖特基 TTL 系列。为了进一步提高工作速度，其输出级采用了有源泄放回路，另外，利用肖特基二极管，组成了抗饱和型的肖特基晶体管，有效地减轻了晶体管的饱和深度，达到了减小 t_{pd} 的目的，这种技术叫做抗饱和技术。74S 系列的 t_{pd} 为 3ns 左右，功耗为 20mW 左右。

（五）74LS 系列

低功耗肖特基 TTL 系列。74LS 系列的 t_{pd} 为 10ns 左右，功耗为 2mW 左右，综合性能较好，是现在使用较多的产品。我们前面介绍的一些门电路，如 74LS00、74LS27、74LS86 都属于 74LS 系列产品。

（六）74AS 系列

先进肖特基 TTL 系列，74AS00 与非门就是该系列产品，其功能与 74LS00 完全一样。74AS 系列的 t_{pd} 为 1.5ns 左右，功耗为 8mW 左右，性能更加优良。

（七）74ALS 系列

先进低功耗肖特基 TTL 系列。74ALS00 与非门就是该系列产品，功能与 74LS00 相同，74ALS 系列的 t_{pd} 为 4ns 左右，功耗为 1mW 左右。

前面介绍的"74"系列的产品都是民用产品，除此以外，TTL 还有"54"系列的产品——军用产品。两者参数相差不大，只是电源电压范围和工作环境温度范围不同，如表 2-7 所示。

表 2-7　54TTL 系列与 74TTL 系列性能比较

系　列	电源电压 V_{CC}/V			工作环境温度 T/℃	
	最大	标准	最小	最大	最小
74TTL	5.25	5	4.75	70	0
54TTL	5.5	5	4.5	+125	−55

第四节　CMOS 集成门电路

目前，在数字逻辑电路中，MOS 器件得到了大量应用，与 TTL 电路比较，MOS 电路虽然工作速度较低，但具有集成度高、功耗低、高抗干扰能力、电源电压范围宽、工艺简单等优点，因此，在数字系统中，特别是大规模集成电路领域内得到广泛的应用。特别是随着集成制造工艺的发展，新出现的 74HC 系列实现了与传统 TTL 大体相同的速率，而且随着产品向轻、薄、小型化发展，日益要求低功耗、低发热器件，因此，对 CMOS 集成电路的需求日益增长。此外，以前用 TTL 工艺制成的各种单元电路也随着 CMOS 工艺的简单化而出现对应的 CMOS 型号。因此，CMOS 电路的应用也越来越广泛。

在 MOS 管中，靠电子导电的称为 N 沟道 MOS 管，由它组成的电路称为 NMOS 电路；靠空穴导电的称为 P 沟道 MOS 管，由它组成的电路称为 PMOS 电路。另外一种电路，既有 NMOS 管又有 PMOS 管，称为互补 MOS 电路，简称 CMOS 电路。由于 NMOS 电路和 PMOS 电路工作速度慢，性能较差，而 CMOS 电路具有一系列不可比拟的优点，所以目前应用最为广泛。下面我们主要介绍 CMOS 集成门电路。

一、MOS 管的开关特性

MOS 管有 P 沟道和 N 沟道两种类型，按工作特性分又可以分为增强型和耗尽型两种。CMOS 电路中只使用增强型 MOS 管，N 沟道增强型 MOS 管和 P 沟道增强型 MOS 管的符号如图 2-29 所示。对于增强型 MOS 管来说，正常情况下，源极 S 和衬底 B 相接。

对于 NMOS 管，当栅源极电压 U_{GS} 小于开启电压 $U_{GS(th)}$（一般约为 1.5~2V）时，管子截止，漏极电流约等于零，其等效电阻非常大，相当于开关断开。当栅源极电压 U_{GS} 大于开

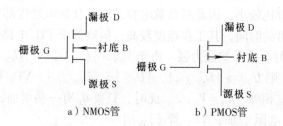

图 2-29 增强型 MOS 管符号

启电压 $U_{GS(th)}$ 时，管子导通，当 U_{GS} 比 $U_{GS(th)}$ 大得多时，管子处于沟道欧姆区，等效电阻很小，相当于开关闭合。

由此可见，NMOS 管的漏极 D 和源极 S 之间相当于一个受栅源极电压 U_{GS} 控制的开关，当 $U_{GS} < U_{GS(th)}$ 时，相当于开关断开；当 $U_{GS} > U_{GS(th)}$ 时，相当于开关闭合。

PMOS 管的开关特性和 NMOS 管相类似，只是 U_{GS}、$U_{GS(th)}$ 均为负值。当 $|U_{GS}| > |U_{GS(th)}|$ 时，管子导通，相当于开关闭合；当 $|U_{GS}| < |U_{GS(th)}|$ 时管子截止，相当于开关断开。

二、典型 CMOS 集成门电路

（一）CMOS 反相器

CMOS 反相器电路如图 2-30 所示，由一个增强型 NMOS 管 VF_N 和一个增强型 PMOS 管 VF_P 组成。图中 CMOS 反相器的电源电压 V_{DD} 需大于 VF_N 管和 VF_P 管的开启电压绝对值之和，即：$V_{DD} > |U_{GS(th)P}| + |U_{GS(th)N}|$，一般 $|U_{GS(th)P}| = |U_{GS(th)N}|$。$V_{DD}$ 通常为 5V 以便与 TTL 电路兼容。

当输入低电平时，VF_N 管截止，VF_P 导通，等效电路如图 2-30b 所示，输出为高电平；当输入为高电平时，VF_N 管导通，VF_P 管截止，等效电路如图 2-30c 所示，输出为低电平。

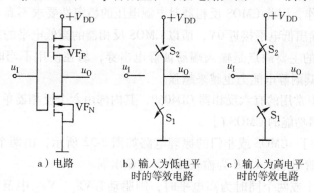

a）电路　　b）输入为低电平　　c）输入为高电平
时的等效电路　　时的等效电路

图 2-30 CMOS 反相器及其等效电路

CMOS 反相器的主要特点：

1. **静态功耗小**　无论输入是低电平还是高电平，VF_N 和 VF_P 管总有一个管子是截止的，静态电流极小（纳安级），功耗在微瓦以下，故称 CMOS 电路为微功耗器件。因为 VF_N 和 VF_P 管在状态转换时，会出现两管同时导通的过渡过程，工作电流较大，所以当 CMOS 在高频重复脉冲下工作时，功耗较高，接近于 TTL 器件。

2. **工作速度较高**　无论反相器输出是高电平还是低电平，VF_N 和 VF_P 管总有一个管子是导通的，输出阻抗都比较小，因此对负载电容的充电和放电过程都比较快，大大缩短了输出波形上升沿和下降沿的时间，其工作速度较高，但略低于 TTL 电路的工作速度。

3. 静态传输特性好，抗干扰能力强　由于 $V_{DD} > |U_{GS(th)P}| + |U_{GS(th)N}|$，假定两管参数对称，当 $u_I = V_{DD}/2$ 时，则 $U_{GSN} > |U_{GS(th)N}|$，$|U_{GSP}| > |U_{GS(th)P}|$，$VF_N$ 和 VF_P 均导通，且导通电流相等，导通电阻也相等，$u_0 = V_{DD}/2$。此时，只要 u_I 有一些增加，则 VF_P 管 $|U_{GSP}|$ 减小，导通电流减小，导通电阻增加；VF_N 管 U_{GSN} 增加，但导通电流受 VF_P 管限制，不能随之增加，VF_N 管进入沟道欧姆区（相当于晶体管的饱和区），导通电阻急剧减小，近似于开关闭合，因而引起输出电压急剧下降，所以其电压传输特性陡峭，抗干扰能力强，接近于理想开关的电压传输特性，如图 2-31 所示。例如，电源 V_{DD} 取 5V 时，当 u_I 在 0 至略小于 2.5V（$V_{DD}/2$）范围内变化时，u_0 为高电平，约为 4.95V 左右；当 u_I 略高于 2.5V 时，u_0 立即翻转，变为低电平，约

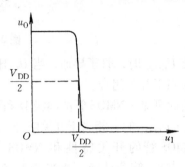

图 2-31　CMOS 反相器电压传输特性

为 0.05V 左右。实际电路中，由于 VF_N 和 VF_P 管的参数不可能完全对称，实际的电压传输特性要差一些。

4. 扇出系数大　CMOS 电路的输入端直流电阻很大，所以对上一级电路而言负载主要是电容性负载。由于 CMOS 电路输出电阻比较小，故当连接线较短时，CMOS 电路的扇出系数在低频时可达到 50 以上，由于 CMOS 输入端对地电容约为几个皮法，所以在高频重复脉冲情况下工作时，扇出系数就大为减少。

5. 允许的电源电压波动范围大　一般情况下，电源电压在 3～18V 之间变化时，CMOS 反相器均能正常工作，因此 CMOS 反相器对电源电压的稳定性要求不高。CMOS 反相器输出高电平接近 V_{DD}，输出低电平接近 0V，所以 CMOS 反相器的高低电平的差值即逻辑摆幅大。

6. CMOS 电路的主要缺点是输入端易被静电击穿，易在使用不当时损坏。随着 CMOS 电路工艺的进步，其耐静电能力也越来越强。

CMOS 反相器中常用的有六反相器 CD4069，其内部由六个反相器单元电路构成。

（二）其他逻辑功能的 CMOS 门

1. CMOS 或非门　CMOS 或非门的原理电路如图 2-32 所示，由两个并联的 NMOS 管和两个串联的 PMOS 管组成，A、B 为输入端，Y 为输出端。

当输入端有一个或两个同时为高电平时，则驱动管 VF_1、VF_2 中至少有一个是导通的，而串联的负载管 VF_3、VF_4 中至少有一个是截止的，因此，输出 Y 为低电平。当两个输入端全为低电平时，并联的驱动管 VF_1、VF_2 同时截止，串联的负载管 VF_3、VF_4 同时导通，输出 Y 为高电平。所以，输出 Y 和输入 A、B 是或非逻辑关系，其表达式为：$Y = \overline{A + B}$。

CD4025 三 3 输入或非门就是一种 CMOS 或非门电路。它内部有三个独立的或非门，每个或非门有三个输入端。

2. CMOS 与非门　CMOS 与非门的原理电路如图 2-33 所示。图中两个 PMOS 负载管并联，两个 NMOS 驱动管串联，A、B 是两个输入端，Y 为输出端。

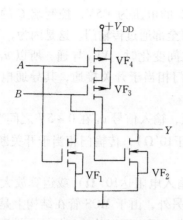

图 2-32　CMOS 或非门电路

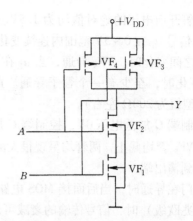

图 2-33　CMOS 与非门电路

当输入端 A、B 中有一个或两个都是低电平时，则串联的两个 NMOS 管总有一个是截止的，并联的 PMOS 管总有一个是导通的，输出为高电平。当两个输入端全部为高电平时，串联的两个 NMOS 管均导通，并联的两个 PMOS 管均截止，输出为低电平。因此，输出 Y 与输入 A、B 的关系为与非逻辑，表示为"$Y = \overline{A \cdot B}$"。

CD4011 是一种 CMOS 四 2 输入与非门，内部有四个与非门，每个与非门有两个输入端。

（三）特殊输出结构的 CMOS 门电路

1. 漏极开路的 CMOS 门电路　在 TTL 中有 OC 门，与之对应，在 CMOS 中有漏极开路门（称为 OD 门），其用途与 OC 门类似。

CD4107 是一个双二输入漏极开路与非缓冲/驱动器，即内部有两个独立的如图 2-34 所示的电路。在输出为低电平的条件下，它能吸收高达 50mA 的灌电流。此外，它的输出高电平可以按需要改变，当上拉电阻 R_L 接 V_{DD2} 时，它的输出高电平等于 V_{DD2}。V_{DD2} 最高可达 18V，因此可以实现电平转换。

2. CMOS 三态门　与 TTL 一样，CMOS 也有三态门，当使能控制端有效时，门电路正常工作，输出高电平或低电平；当使能控制端无效时，输出端为高阻态。CMOS 三态门也分为高电平有效和低电平有效两类。

与 TTL 三态门一样，CMOS 三态门也可以方便地构成总线结构的电路。

（四）CMOS 传输门和模拟开关

CMOS 传输门是由一个 NMOS 管 VF_N 和一个 PMOS 管 VF_P 并联构成的，其电路图和逻辑符号如图 2-35 所示。

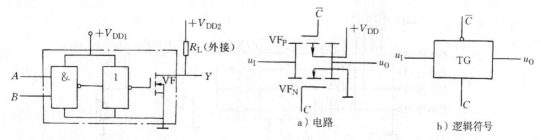

　　　　　　　　　　　　　　　　　　　a）电路　　　　　　　　　b）逻辑符号

图 2-34　漏极开路 CMOS 门　　　　　　　图 2-35　CMOS 传输门

设两管开启电压的绝对值均为 1.5V。当控制端 C 的电压为 +5V，控制端 $\overline{C}$ 的电压为 0V，输入信号 u_I 在 0~5V 范围内连续变化时，信号可全部通过传输门。这是因为，当 u_I 在 0~3.5V 之间变化时，VF_N 导通，当 u_I 在 1.5~5V 之间变化时，VF_P 导通，所以 u_I 在 0~5V 之间变化时，至少有一个管子导通。此时，传输门相当于开关接通，其导通电阻小于 1kΩ（典型值为 200Ω 左右）。

当控制端 C 加低电压 0V，控制端 $\overline{C}$ 加 +5V 电压，输入信号 u_I 在 0~5V 之间变化时，VF_N 管和 VF_P 管均截止，两管均呈现很大的电阻（大于 10^7 Ω），传输门相当于开关断开，u_I 不能传输到输出端。

传输门在导通时，当后面接 MOS 电路输入端（输入电阻达 10^{10} Ω）或运算放大器（输入电阻达兆欧级）时，信号传输的衰减可忽略不计。另外，由于 MOS 管在结构上是源、漏极对称的，源极和漏极可以互换，电流可以从两个方向流通，所以传输门的输入端和输出端可以对换，因此 CMOS 传输门具有双向特性，通常也称为双向可控开关。

CMOS 传输门和一个反相器结合起来，如图 2-36 所示，称为模拟开关。$C = 1$，传输门导通；$C = 0$，传输门断开。

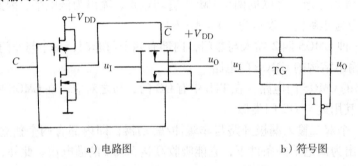

a）电路图   b）符号图

图 2-36　模拟开关

CD4066 是一种用途广泛的四双向模拟开关，内部有四个模拟开关和四个控制端。图 2-37 所示是由 CD4066 组成的传声器选择电路。四个控制端分别控制传声器 1、2、3、4 的导通状态。若 E_1、E_2、E_3、E_4 均为低电平，则没有传声器被选中；若 $E_1 = 1$，E_2、E_3、E_4 均为 0，则传声器 1 的信号被传送到放大器；若 E_1、E_2、E_3、E_4 均为 1，则四个传声器的信号在放大器中得到叠加。

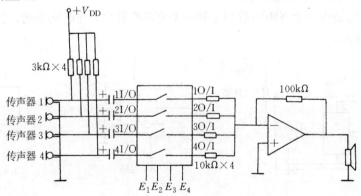

图 2-37　传声器选择电路

CD4051 是一种 8 对 1 模拟多路开关/分配器，三根控制输入端能够切换 8 个模拟开关，可用在多通道模拟接口电路中。图 2-38 所示为简易多级电压产生电路。当三个控制端 C、B、A 为 000 时，X_0 与输出端接通，u_0 等于零；当 C、B、A 从 000 逐渐变化至 111 时，u_0 逐渐从 0 逐渐增大至 2.5V（各级之间的电压差并不相等）。若使 C、B、A 周期性变化，则可输出周期性的信号。

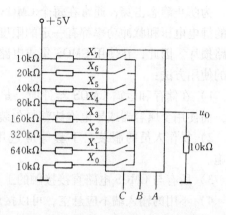

图 2-38 简易多级电压产生电路

（五）CMOS 电路的缓冲级

实际的 CMOS 产品往往在基本门的基础上，在每个输入端和输出端增加一个非门作为缓冲级。CMOS 电路的型号中，若加有后缀 B 表示带缓冲级，若带有后缀 UB 表示不带缓冲级。

加入缓冲级可以提高门电路的带载能力，而且，电压传输特性的转折区也变得更陡，电路的抗干扰能力增强。

（六）CMOS 电路的各种系列和特点

目前，CMOS 集成电路有各种系列，不同的系列有各自的特点。

1. 标准型 CMOS 电路　4000 系列、4500 系列是标准型 CMOS 电路，如美国无线电公司的 CD4000/4500 系列，美国摩托罗拉公司的 MC14000/14500 系列，国产的 CC4000/CC4500 系列都是标准型 CMOS 电路，其最高工作频率较低且与电源电压有关，V_{DD} 越高，传输时间越短。

2. 高速型 CMOS 电路　40Hxxx 系列为高速型 CMOS 电路，如日本东芝公司的 TC40H 系列就是这种产品，它与 TTL74 系列引脚兼容。

3. 新高速型 CMOS 电路　74HC 系列为新高速型 CMOS 电路，其工作频率与 TTL 相似。74HC 系列又可以分为四个小系列。其中：

1）74HCxxx 系列与 TTL74 系列引脚兼容。如 74HC27、74HC51 都是该类产品，分别对应于 74LS27 和 74LS51，其工作速度与 74LS 系列的 TTL 电路相当，但同时具备 CMOS 电路的特点（输入输出是 CMOS 电平）。74HCxxx 与 74LSxxx 电路型号中，英文字母后的几位数字相同者，逻辑功能相同，引脚排列也一样，这些都为用 74HC 系列产品替代 74LS 系列产品提供了方便。

2）74HC4000 系列与 4000 系列引脚兼容。

3）74HC4500 系列与 4500 系列引脚兼容。

4）74HCTxxx 系列除引脚与 TTL74 系列兼容外，输入电平也与 TTL 电路相同，而输出是 CMOS 电平，不必经过电平转换接口就可以作为 TTL 器件与 CMOS 器件的中间级，同时起电平转换作用。现在，当用 TTL 器件驱动 CMOS 电路时，不必再使用专门的电平转换器件，而较多地使用 74HCT 系列的器件，它们之间的输出、输入电平是兼容的。

4. 先进高速型 CMOS 电路　74AC 系列为先进高速型 CMOS 电路，它是一种综合性能最好的 CMOS 产品。它又分为两个小系列：74ACxxx 系列和 74ACTxxx 系列，其引脚与 TTL74 系列兼容。其中 74ACTxxx 系列的输入电平与 TTL 相同，而输出是 CMOS 电平，其工作频率比 74HC 系列高几倍。

（七）CMOS 器件使用时应注意的问题

为防止静态击穿，通常在每个 CMOS 电路的输入端内部都加有保护电路，但它们所能承受的静电电压和脉冲功率都有一定的限度，在输入电压过高或工作电流过大以后，会使保护电路损坏。因此，在使用 CMOS 集成电路时，还是要采取一些附加的保护措施，同时遵循正确的使用方法：

1）在储存和运输 CMOS 器件时，最好不要用容易产生静电的泡沫塑料、塑料袋等容器，而使用金属容器或导电泡沫塑料包装。

2）操作人员的服装、手套等应选用不易产生静电的原料制作，或采取消除静电的措施。

3）所有与 CMOS 电路直接接触的工具（如电烙铁）、测试设备必须可靠接地。

4）不用的输入端不应悬空，可以接地（或门）或接正电源（与门），也可以并联使用（由于输入电容也并联，将使工作速度变慢）。

5）注意输入电路的过电流保护。当输入端接入电压可能超过 $V_{DD} + 0.7V$ 或低于 $-0.7V$ 且内阻较低的信号源时，应在输入端和信号源之间串入保护电阻，并在输入端接稳压管，如图 2-39 所示。稳压管的击穿电压应等于 V_{DD}。

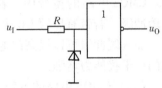

6）为防止脉冲信号串入电源引起的低频和高频干扰，可在 V_{DD} 和 V_{SS} 之间就近并接 $10\mu F$ 钽电容和 $0.01\mu F$ 磁介电容，起电源的退耦及滤波作用。

图 2-39　CMOS 电路的外接保护电路

（八）TTL 与 CMOS 电路的连接

在一个数字系统中，经常会遇到需要采用不同类型数字集成电路的情况，最常见的是同时采用 CMOS 和 TTL 电路，这就出现了 TTL 与 CMOS 电路的连接问题。

1. 连接规则　一种类型的集成电路（作为前级驱动电路）要能直接驱动另一种类型的集成电路（作为后级负载电路），必须保证电平和电流两方面的适配，即驱动电路必须能为后一级的负载电路提供符合要求的高、低电平和足够的输入电流，这就必须同时满足下列四式：

$$\begin{array}{cc} \text{驱动电路} & \text{负载电路} \\ U_{OHmin} & \geqslant U_{IHmin} \\ U_{OLmax} & \leqslant U_{ILmax} \\ I_{OHmax} & \geqslant I_{IH} \\ I_{OLmax} & \geqslant I_{IL} \end{array}$$

为便于比较，表 2-8 列出了两种系列的 TTL 电路和五种系列的 CMOS 电路的有关参数。其中 74HCT 系列和 74ACT 系列的输入电平与 TTL 相同，而输出是 CMOS 电平，是与 TTL 完全兼容的 CMOS 电路（兼容是指可以互换使用）。

表 2-8　**TTL 与 CMOS 电路的输入、输出特性参数**（$V_{DD} = +5V$）

	TTL 74 系列	TTL 74LS 系列	CMOS CD4000 系列	CMOS 74HC 系列	CMOS 74AC 系列	CMOS 74HCT 系列	CMOS 74ACT 系列
U_{OHmin}/V	2.4	2.7	4.95	4.4	4.4	4.4	4.4
U_{OLmax}/V	0.4	0.5	0.05	0.1	0.1	0.1	0.1

（续）

	TTL 74 系列	TTL 74LS 系列	CMOS CD4000 系列	CMOS 74HC 系列	CMOS 74AC 系列	CMOS 74HCT 系列	CMOS 74ACT 系列
I_{OHmax}/mA	4	4	0.4	4	24	4	24
I_{OLmax}/mA	16	8	0.4	4	24	4	24
U_{IHmin}/V	2	2	3.5	3.15	3.15	2	2
U_{ILmax}/V	0.8	0.8	1.5	0.9	0.9	0.8	0.8
I_{IHmax}/μA	40	20	1	1	1	1	1
I_{ILmax}/mA	1.6	0.4	1×10^{-3}	1×10^{-3}	1×10^{-3}	1×10^{-3}	1×10^{-3}

2. 可以直接连接的系列　根据连接规则的四个式子，观察表2-8可以看出，TTL电路与74HCT系列和74ACT系列的CMOS电路完全兼容，相互之间可以直接连接。除此之外，可直接连接的还有：

1）74HC系列和74AC系列的CMOS电路可直接驱动74系列或74LS系列的TTL电路。

2）CD4000系列CMOS电路可直接驱动一路74LS系列的TTL电路。

3. 不能直接连接的系列

1）74系列或74LS系列的TTL电路不能驱动CD4000系列、74HC系列或74AC系列的CMOS电路。

这里，不能直接驱动的症结在于：U_{OHmin} < U_{IHmin}。

要解决这一问题，需抬高TTL电路的输出高电平，可采用在TTL的输出端与电源之间接一个上拉电阻，即可将输出高电平提高，如图2-40所示。如果CMOS电路供电超过+5V，仍需接上拉电阻，但TTL驱动电路要用OC门。不同系列的TTL电路，上拉电阻应选取不同的值。

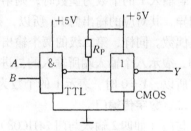

图2-40　用上拉电阻抬高输出高电平

2）CD4000系列的CMOS电路不能直接驱动74系列的TTL电路。

这里，不能直接驱动的症结在于：I_{OLmax} < I_{IL}。

解决的办法是增加一级CMOS缓冲器，以增大I_{OLmax}，如图2-41所示。

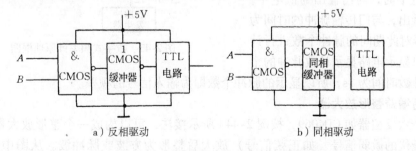

a）反相驱动　　　　　　　　　b）同相驱动

图2-41　CD4000系列CMOS电路和TTL电路的接口电路

另一种办法是在V_{DD} =5V的CD4000器件与TTL器件之间插入74HCT或74ACT器件，其输入输出电平、驱动电流等指标均符合上述原则。

第五节　门电路应用实例

一、二进制码奇偶校验电路

利用异或门，采用树型结构，可以组成多位二进制码奇偶校验电路。图 2-42 所示电路是由两片四 2 输入异或门 CD4070 构成的八位二进制码奇偶校验电路。

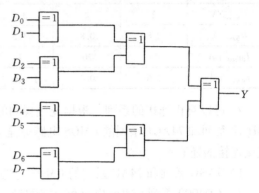

图中 CD4070 也可以用四 2 输入异或门 74LS86 代替。当八个输入端所输入的二进制码中有奇数个 1 时，不管这些 1 是否有成对出现在四个输入门输入端的情况，四个输入门所对应的四组输入中必然还有奇数组输入相异（一组或三组），其对应的输出为 1。所以，第一级的四个输出中 1 的个数也应该是奇数（一个或三个）。第二级的两组输入应该有一组相异，另一组相同，输出应该是

图 2-42　八位二进制码奇偶校验电路

一个为 1，一个为 0，最后的输出 $Y=1$，表示八个输入端所输入的二进制码中有奇数个 1。

若输入 1 的个数为偶数时，则第一级的四个输入门所对应的四组输入中必然有偶数组输入相异，其对应的输出为 1。所以，第一级的四个输出（即第二级的输入）中 1 的个数也应该是偶数。同样，第二级的两个输出中也有偶数个 1，即都为 0 或都为 1，两者相同，输出 $Y=0$，表示八个输入端所输入的二进制码中有偶数个 1。

所以，$Y=0$ 时，表示 1 的个数为偶数；$Y=1$ 时，表示 1 的个数为奇数。

二、数字传输门

与门（如四 2 输入与门 74HC08）可作为传输数字信号的可控传输门，可传输矩形脉冲信号。图 2-43 为数字式频率计原理框图。

与门在图中作为传输脉冲信号的数字传输门，当秒脉冲发生器输出高电平时，与门输出脉冲信号，当秒脉冲发生器输出低电平时，与门输出为低电平。图中可以看出，与门传输脉冲的时间为 1s，计数器对此期间的脉冲个数进行计数，经译码显示电路显示计数脉冲的个

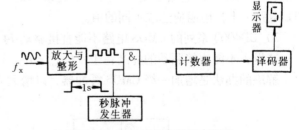

图 2-43　数字式频率计原理框图

数，因为计数时间为 1s，所以显示的脉冲个数即为输入信号的频率。

三、高增益整形放大器

用一个六反相器如 CD4069，按图 2-44a 所示接法，可以构成一个整形放大器。它能将输入数十毫伏的微弱信号（如正弦信号）放大后整形为方波或脉冲波。从图中可以看出，反相器 G_1 的输入和输出通过电阻 R 互相连接，静态（$u_I=0$）时，反相器 G_1 的输入和输出两个端点的电位相同 $u_O=u_I$，如图 2-44b 所示，反相器的传输特性曲线与直线 $u_O=u_I$ 的交点即反相器的工作点。可以看出，此时 G_1 的输入和输出电位都近似为 $V_{DD}/2$，反相器 G_1 处

于过渡区（放大区），当 u_1 有微小的变化时，u_0 变化很大，因而 G_1 有较高的增益，约为 20dB。因为 G_2 的输入电位也为 $V_{DD}/2$，如果 G_1 和 G_2 特性相同，则 G_2 的输出与它的输入电位也相同，近似为 $V_{DD}/2$，这样 G_2 也处于过渡区（放大区）。于是 G_1、G_2 构成了两级增益很高的电路，足以将数十毫伏的信号放大到几伏的幅度。因前两级增益足够大，第三级起整形作用。

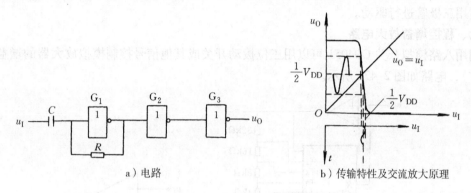

a）电路   b）传输特性及交流放大原理

图 2-44 高增益整形放大器

当 CMOS 反相器、与非门、或非门等电路输出和输入端之间跨接一个适当的电阻时，可以作反相放大器使用，TTL 电路也可以照此连接，但所接电阻必须小于其关门电阻 R_{OFF}。

四、小信号放大电路

上例所讲电路的放大倍数不好控制，输出通常是脉冲信号，下面我们介绍一种小信号线性放大电路，如图 2-45 所示。

该电路是由 CD4049 六反相驱动器中的三个门组成，也可以采用任何其他型号的 CMOS 反相器。此电路具有输入阻抗高、工作电压范围宽、抗噪声能力强等优点。G_3 的输出电压可以从接近 0V 到接近电源电压之间的范围内变化。

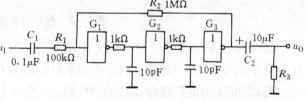

图 2-45 小信号放大电路

电路的增益仅由反馈电阻 R_2 与输入电阻 R_1 的比值 R_2/R_1 决定，本电路的增益为 10。必须指出：当输入信号为 0 时，G_3 的输出电压是 $V_{DD}/2$（V_{DD} 为电源电压）并不为 0，输出端串接的电容 C_2 为耦合电容，用来隔直。G_1 与 G_2、G_2 与 G_3 之间的 1kΩ 电阻和 10pF 电容是为防止自激振荡而设置的。

五、逻辑探笔

用一块 CMOS 六反相驱动器配上 6～9V 电池，可构成十分简易的逻辑探笔，用来探测 TTL、CMOS 逻辑电路的输出状态。图 2-46 所示电路是用一块 CD4049 和两个发光二极管组成的逻辑探笔电路。

图中，当 u_1 为高电平时，A 为低电平，C 也为低电平，而 B 则为高电

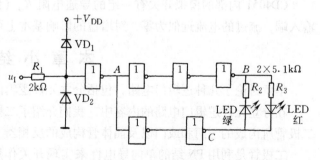

图 2-46 CMOS 六反相器逻辑探笔电路

平，因此红色 LED 点亮，发出红光。同理，当 u_I 为低电平时，A 为高电平，B 为低电平，而 C 为高电平，使绿色 LED 点亮，发出绿光。当输入 u_I 是连续脉冲信号时，两个 LED 交替发光（脉冲频率较高时，由于人眼的惰性，看起来两个 LED 同时发光）。这个电路较简单，但不能检查高阻态，这是该电路的缺点。电路中 R_1 和 VD_1、VD_2 用作输入保护。另外，选用 LED 时，应选用工作电流较小的管子，与 CMOS 反相驱动器相匹配，若驱动电流不满足要求，可用三极管进行驱动。

六、程控增益放大电路

利用八路模拟开关 CD4051 可以用三位拨动开关或其他信号控制模拟放大器的增益（放大倍数），电路如图 2-47a 所示。

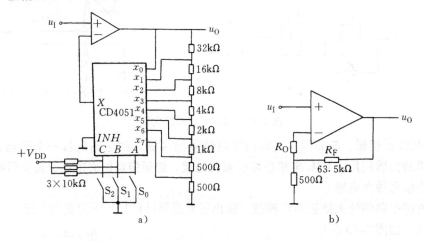

图 2-47　程控增益放大电路

CD4051 中的 INH 端（禁止端）的作用是：当 INH 端为 1 时，所有通道截止，即内部所有模拟开关断开；INH 端为 0 时，根据地址控制端 CBA 的状态，对应的模拟开关选通。

当 CD4051 地址控制端 CBA 为 000 时，x_0 与 X 接通，放大倍数 $A_u = 1$，相当于电压跟随器。改变程控开关 S_2、S_1、S_0 使 CBA 三端从 000 逐渐增加到 111 时，放大倍数逐渐增大，分别为 2^0 至 2^7。例如，当 CBA 为 111 时放大倍数达到最大，等效电路如图 2-47b 所示。其增益

$$A_u = 1 + \frac{R_F}{500\Omega} = 1 + \frac{63.5\Omega}{0.5\Omega} = 128 = 2^7$$

CD4051 内部的模拟开关有一定的导通电阻 R_0（约 200Ω），但 R_0 串接在放大器的反相输入端，流过的电流近似为零，对增益的影响基本上可以不予考虑。

本 章 小 结

本章讨论了几种逻辑门电路，包括分立元件逻辑门电路和集成逻辑门电路两大类。

在分立元件逻辑门电路的内容中，我们介绍了二极管和晶体管的开关特性，并且介绍了二极管所构成的与门和或门以及晶体管构成的反相器（非门）。

二极管是利用 PN 结的单向导电性来实现开关作用的。当外加正向电压时，管子导通，相当于开关闭合，正向压降约为 0.7V（硅管）。外加反向电压时，二极管截止，相当于开

关断开，反向电流近似为零。理想二极管的状态转换是在瞬间完成的，而实际二极管的状态转换需要一定的时间，即存在开关时间，开关时间限制了二极管的开关速度。

晶体管作为电子开关，通常工作在饱和状态或截止状态。晶体管饱和时，$U_{BES} \approx 0.7V$，$U_{CES} \approx 0.3V$，三个电极近似于短路，相当于开关闭合。晶体管截止时，三个电极电流近似为零，相当于开关断开。晶体管的状态转换也需要一定的时间，晶体管的转换时间比二极管大一个数量级以上，而且管子的饱和深度越深，其开关时间越长，工作速度越低。

分立元件门电路在实际工作中使用较少，但它是集成门电路的基础，需要简单了解其工作原理。

集成逻辑门电路中最常见的是 TTL 电路和 CMOS 电路。TTL 电路发展较早，与 CMOS 电路比较起来，噪声容限小，功耗大，输入电阻小。了解典型的 TTL 电路的内部电路主要是为了加深理解集成逻辑门的外部特性，如输入端的伏安特性、输入端的负载特性以及输出特性和电压传输特性等，而其外部特性又是我们正确使用该器件所必须了解的内容。只有理解了电路的外部特性才能正确地使用它。应该掌握集成逻辑门电路参数的意义，对 TTL 电路各系列的特点应该熟悉，TTL 电路中应用较多的是 74LS 系列。

CMOS 电路出现较晚，但发展很快，随着集成工艺的发展，出现了很多新系列的 CMOS 电路。CMOS 电路具有功耗低、输入电阻大、抗干扰能力强、电源电压的范围大等特点。74HCT 系列和 74ACT 系列和传统的 TTL 电路兼容，工作速度也接近 TTL 电路，且同时具备 CMOS 电路的特点，在许多领域已取代了 TTL 电路。74HC 和 74AC 系列的管脚和 TTL 电路兼容，但输入输出电平不同。

TTL 电路和 CMOS 电路可以实现各种逻辑门的功能，同时还可以组成 OC 门、三态门、传输门、模拟开关等逻辑电路。

TTL 电路和 CMOS 电路同时使用时，在某些情况下要加相应的接口电路。

练 习 题

一、填空题

1. 门电路输出为_____电平时，负载为拉电流负载；输出为_____电平时，负载为灌电流负载。

2. 晶体管作为电子开关时，其工作状态必须为_____状态或_____状态。

3. OC 门称为_____门，多个 OC 门输出端并联到一起可实现_____功能。

4. 三态门具有 3 种输出状态，它们分别是_____、_____、_____。

5. CMOS 门电路的闲置输入端不能_____，对于与门应当接_____电平，对于或门应当接_____电平。

6. 对于 TTL 电路，输入端悬空相当于_____电平。

二、判断题

1. 普通逻辑门电路的输出端不可以并联在一起，否则可能会损坏器件。　　　　（　　）

2. 集成与非门的扇出系数反映了该与非门带同类负载的能力。　　　　　　　（　　）

3. 将两个或两个以上的普通 TTL 与非门的输出端直接相连，可实现线与。　　（　　）

4. 三态门的三种状态分别为：高电平、低电平、不高不低的电平。　　　　　（　　）

5. OC 门的输出端可以直接相连，实现线与。　　　　　　　　　　　　　　（　　）

6. 当 TTL 与非门的输入端悬空时相当于输入为逻辑 1。 （   ）

7. OD 门（漏极开路门）的输出端可以直接相连，实现线与。 （   ）

8. CMOS 或非门与 TTL 或非门的逻辑功能完全相同。 （   ）

三、单项选择题

1. 数字电路中规定了高电平的下限值并称为标准高电平，用（   ）来表示。

A. U_{SL}　　　　B. U_{OL}　　　　C. U_{OH}　　　　D. U_{SH}

2. 数字电路中规定了低电平的上限值并称为标准低电平，用（   ）来表示。

A. U_{SL}　　　　B. U_{OL}　　　　C. U_{OH}　　　　D. U_{SH}

3. 可用于总线结构进行分时传输的门电路是（   ）。

A. 三态门（TSL）门　　　　　　　B. OC 门

C. OD 门　　　　　　　　　　　　D. CMOS 与非门

4. 在 TTL 逻辑门中，为实现"线与"，应选用（   ）。

A. 三态门　　　　B. OC 门　　　　C. 异或门　　　　D. 与非门

四、多项选择题

1. 以下电路中可以实现"线与"功能的有_____。

A. 与非门　　　B. 三态输出门　　　C. 集电极开路门　　　D. 漏极开路门

2. 对于 TTL 与非门闲置输入端的处理，可以_____。

A. 接电源　　　　　　　　　　B. 悬空

C. 接地　　　　　　　　　　　D. 与有用输入端并联

3. 三态门输出高阻状态时，正确的说法是_____。

A. 用电压表测量指针不动　　　　B. 相当于悬空

C. 电压不高不低　　　　　　　　D. 相当于接地

4. CMOS 数字集成电路与 TTL 数字集成电路相比突出的优点是_____。

A. 微功耗　　　B. 高速度　　　C. 高抗干扰能力　　　D. 电源范围宽

5. 一种类型的集成电路（作为前级驱动电路）要能直接驱动另一种类型的集成电路（作为后级负载电路），必须保证_____方面的适配。

A. $U_{OHmin} \geqslant U_{IHmin}$　　　B. $U_{OLmax} \leqslant U_{ILmax}$

C. $I_{OHmax} \geqslant I_{IH}$　　　　D. $I_{OLmax} \geqslant I_{IL}$

五、计算分析题

1. 电路如图 2-48a、b 所示，已知 A、B、C 波形如图 2-48c 所示，试画出输出 Y_1、Y_2 波形（设二极管为理想二极管）。

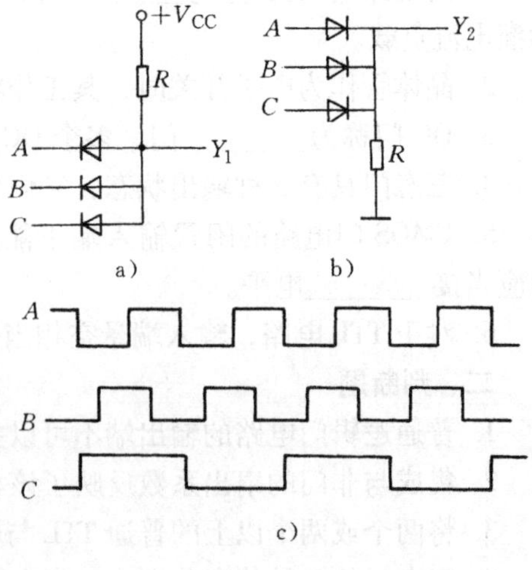

2. 图 2-49 所示电路是用 TTL 反相器 74LS04 驱动发光二极管的电路，试分析哪几个电路图的接法是正确的，为什么？设 LED 的正向压降为 1.7V，电流大于 1mA 时发光，试求正确接法电路中流过 LED 的电流。

3. 有两个同型号 TTL 与非门器件，A 器件的

图 2-48

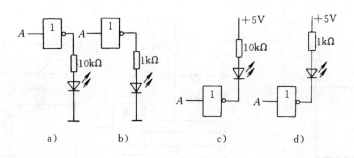

图 2-49

$U_{\text{IHmin}} = 1.4\text{V}$，B 器件 $U_{\text{IHmin}} = 1.6\text{V}$，试问哪个器件的高电平噪声容限大（抗干扰能力强），为什么？

4. 有两个同型号 TTL 与非门器件，A 器件的 $U_{\text{ILmax}} = 1.1\text{V}$，B 器件 $U_{\text{ILmax}} = 0.9\text{V}$，试问哪个器件的低电平噪声容限大（抗干扰能力强），为什么？

5. 画出图 2-50 所示三态门的输出波形。

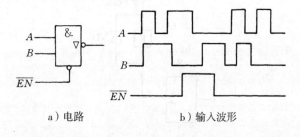

a）电路   b）输入波形

图 2-50

6. 图 2-51 所示的 TTL 门电路中，输入端 1、2、3 为多余输入端，试问哪些接法是正确的？

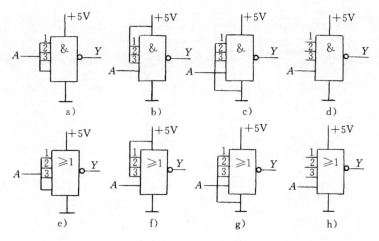

图 2-51

7. 图 2-52 所示为两个 OC 门组成的电路，试写出输出 Y 的逻辑表达式。

8. 在 CMOS 门电路中，有时采用图 2-53 所示的方法来扩展输入端。试分别写出 a 图和 b 图中 Y_1、Y_2 的逻辑表达式。

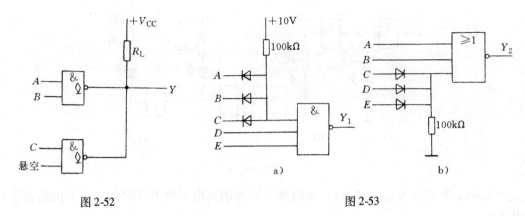

图 2-52   图 2-53

9. 用 OC 门驱动继电器的电路如图 2-54 所示，OC 门选用的是 7406（外接电压最大可达 30V，$I_{OLmax} = 40\text{mA}$），驱动 JQX – 4 型继电器（额定电压 12V，线圈电阻 $R = 450\Omega$，吸合电压 9V）。问电源电压 V_{CC2} 应选几伏？OC 门 7406 的驱动负载能力是否满足？

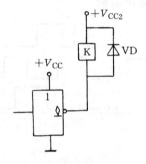

图 2-54

第三章 组合逻辑电路

数字电路又称为逻辑电路，逻辑电路可分为组合逻辑电路和时序逻辑电路两大类。如果逻辑电路任一时刻的稳态输出都只取决于该时刻的输入信号的组合，而与输入信号作用前电路原来的状态无关，则该电路称为组合逻辑电路（combinational logic circuit）。

组合逻辑电路在结构上是由各种门电路组成的，且电路中不含任何具有记忆功能的逻辑电路单元，一般也不含有反馈电路。

本章通过实例介绍组合逻辑电路的分析方法和设计方法，并介绍几种实用的集成组合逻辑电路。

第一节　组合逻辑电路的分析和设计方法

一、组合逻辑电路的分析方法

所谓组合逻辑电路的分析，就是对给定的组合逻辑电路进行逻辑分析以确定其功能。如果已知一个组合逻辑电路的逻辑图，想知道它实现怎样的逻辑功能，这就是组合逻辑电路分析的任务。完成这个任务的关键是写出输出对输入的逻辑表达式（一般转换成较简的与或表达式）和列出真值表。

组合逻辑电路分析的一般步骤是：

1）根据逻辑图，从输入到输出，逐级写出逻辑表达式，直至写出输出端的逻辑函数表达式。

2）将输出端的逻辑函数表达式转换成较简的与或表达式。

3）根据输出的与或表达式列真值表。

4）根据真值表，分析电路的逻辑功能。

【例3-1】分析图3-1所示组合逻辑电路。

解： 1）逐级写出逻辑表达式。

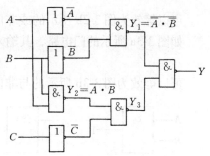

图3-1　组合逻辑电路分析

$$Y_1 = \overline{\overline{A}\,\overline{B}}$$

$$Y_2 = \overline{AB}$$

$$Y_3 = \overline{Y_2\overline{C}} = \overline{\overline{AB}\,\overline{C}}$$

$$输出\ Y = \overline{Y_1 \cdot Y_3} = \overline{Y_1} + \overline{Y_3} = \overline{A}\,\overline{B} + \overline{AB}\,\overline{C}$$

2）转换成较简的与或表达式。

$$Y = \overline{A}\,\overline{B} + (\overline{A} + \overline{B})\overline{C} = \overline{A}\,\overline{B} + \overline{A}\,\overline{C} + \overline{B}\,\overline{C}$$

3）列出真值表。

根据与或表达式，列出真值表，如表 3-1 所示。

表 3-1 例 3-1 真值表

输 入			输 出
A	B	C	Y
0	0	0	1
0	0	1	1
0	1	0	1
0	1	1	0
1	0	0	1
1	0	1	0
1	1	0	0
1	1	1	0

4）分析逻辑功能。

由真值表可归纳出：在输入 A、B、C 中，1 的个数小于 2 个时，输出 Y 为 1，否则为 0。

需要指出的是，**有时电路的逻辑功能难以用几句话概括出来，在这种情况下，列出真值表即可。**

对于多个输出变量的组合逻辑电路，分析方法完全相同。

二、门电路逻辑符号的等效变换

分析组合逻辑电路的逻辑功能时，有些组合逻辑电路中含有输入端画有小圈的门电路，这种表示方法与在门的输出端画有小圈一样，都表示逻辑非。例如在 A 输入端画有小圈，表示逻辑门内部得到的信号实际上是 $\overline{A}$。

如图 3-2a 所示的门电路，其输入端画有小圈，其等效的逻辑关系为

$$Y = \overline{A} \cdot \overline{B} = \overline{A + B}$$

可以等效为图 3-2b 所示的或非门。

如图 3-3a 所示的门电路，其输入端也画有小圈，其等效的逻辑关系为

$$Y = \overline{A} + \overline{B} = \overline{A \cdot B}$$

可以等效为图 3-3b 所示的与非门。

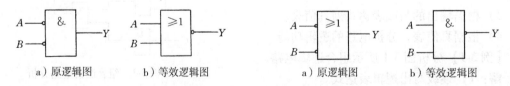

a）原逻辑图　　b）等效逻辑图　　　　　　a）原逻辑图　　b）等效逻辑图

图 3-2　或非门的等效变换　　　　　　图 3-3　与非门的等效变换

等效电路之间的变换规律是：将输入与输出均求反，并将与门变为或门或将或门变为与门。用输入画有小圈表示"非"的关系，这种表示法在有些情况下，可使输出与输入之间的逻辑关系更易于求取，避免了求反运算，能够直接写出逻辑表达式。

例如图 3-4a 为 CD4002 的逻辑图，可变换为图 3-4b 所示的等效逻辑图。根据图 3-4b，输入端的非门和或门输入端的小圆圈相互抵消，可写出输出 Y 的逻辑函数表达式

$$Y = \overline{A + B + C + D}$$

可知输出端 Y 是输入 A、B、C、D 的或非逻辑，所以 CD4002 是 CMOS 集成或非门。在某些资料中，是按图 3-4b 给出的内部逻辑图。

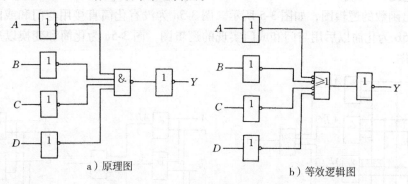

a）原理图   b）等效逻辑图

图 3-4 CD4002 的逻辑图

三、组合逻辑电路的设计方法

组合逻辑电路的设计，就是根据逻辑功能的要求，设计出具体的组合逻辑电路。设计方法一般分四个步骤进行：

1）首先对要求的逻辑功能进行分析，确定哪些是输入变量，哪些是输出变量以及它们之间的相互关系；然后对它们进行逻辑赋值，即确定什么情况下为逻辑 1，什么情况下为逻辑 0。这一步骤是设计组合逻辑电路的关键。

2）根据逻辑功能列出真值表。如果状态赋值不同，得到的真值表也不一样。

3）根据真值表写出相应的逻辑表达式并进行化简，然后转换成命题所要求的逻辑函数表达式。

4）画逻辑图。根据逻辑函数表达式，画出相应的逻辑电路图。

【例 3-2】 试设计一个三变量多数表决电路并用与非门实现，即三个变量中，有两个或三个表示同意，则表决通过，否则不通过。

解：1）分析命题。设输入变量为 A、B、C，输出变量用 Y 表示，然后对逻辑变量进行赋值：A、B、C 同意用 1 表示，不同意用 0 表示；逻辑函数 $Y = 1$ 表示表决通过，$Y = 0$ 表示表决不通过。

2）根据题意列真值表，如表 3-2 所示。

表 3-2 例 3-2 真值表

A	B	C	Y
0	0	0	0
0	0	1	0
0	1	0	0
0	1	1	1
1	0	0	0
1	0	1	1
1	1	0	1
1	1	1	1

3）根据真值表写出相应的逻辑表达式并进行化简和变换。写出逻辑表达式，并利用卡诺图进行化简（见例1-8），可得 $Y = \overline{A}BC + A\overline{B}C + AB\overline{C} + ABC = AB + AC + BC$。

再进行变换，可得 $Y = AB + AC + BC = \overline{\overline{AB} \cdot \overline{AC} \cdot \overline{BC}}$。

4）画出函数的逻辑图，如图3-5所示。图3-5a为没有化简直接用与门和或门实现的逻辑图，图3-5b为化简以后用与门和或门实现的逻辑图，图3-5c为化简和变换以后用与非门实现的逻辑图。

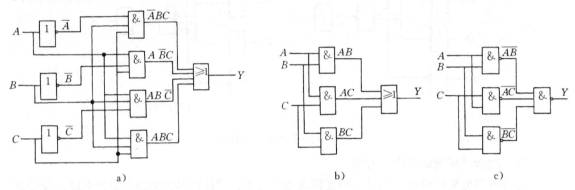

图3-5 例3-2逻辑图

第二节 集成组合逻辑电路

组合逻辑电路的种类很多，常见的有编码器（encoder）、译码器（decoder）、数据选择器（multiplexer，简称 MUX）、数据分配器（demultiplexer）、数值比较器（digital comparator）、加法器（adder）等。由于这些电路应用很广泛，因此，有专用的中规模集成器件（MSI）。采用 MSI 实现逻辑函数不仅可以缩小体积，而且可以大大提高电路的可靠性，使设计更为简单。

这些专用的中规模集成器件通常设置有一些控制端（使能端）、功能端和级联端等，在不用或少用附加电路的情况下，就能将若干功能部件扩展成位数更多、功能更复杂的电路。

一、编码器

在数字系统中，常常需要把某种具有特定意义的输入信号（例如数字、字符或某种控制信号等），编成相应的若干位二进制代码来处理，这一过程称为编码。能够实现编码的电路称为编码器。编码器的输入是需要编码的信号，输出是二进制代码。编码器有二进制编码器和二－十进制编码器。

1. 二进制编码器 用 n 位二进制代码对 2^n 个信号进行编码的电路称为二进制编码器。常用的有8位编码器（三位二进制编码器），它有8个输入端 $I_0 \sim I_7$（可与8个开关或其他逻辑电路相连）和3个输出端 $Y_0 \sim Y_2$，因此，也称为8线－3线编码器。一般都把编码器设计成优先编码器。所谓优先编码器是指编码器的所有编码输入信号按优先顺序排了队，当同时有两个以上编码输入信号有效时，编码器将只对其中优先等级最高的一个输入进行编码，这样当同时有两个以上的编码信号输入时，也不会出现逻辑混乱。

常见的8位优先编码器有 CD4532 与 74HC148，下面我们分别给予介绍。

CD4532 是一种标准型 CMOS 集成电路，与国产 CC4532 引脚和功能相同（CD4000/4500 系列和对应的 CC4000/4500 系列引脚和功能均相同），其真值表见表 3-3，逻辑框图见图 3-6。

表 3-3　CD4532 真值表

输　入									输　出				
E_{in}	I_7	I_6	I_5	I_4	I_3	I_2	I_1	I_0	Y_{EX}	Y_2	Y_1	Y_0	E_{out}
0	×	×	×	×	×	×	×	×	0	0	0	0	0
1	0	0	0	0	0	0	0	0	0	0	0	0	1
1	1	×	×	×	×	×	×	×	1	1	1	1	0
1	0	1	×	×	×	×	×	×	1	1	1	0	0
1	0	0	1	×	×	×	×	×	1	1	0	1	0
1	0	0	0	1	×	×	×	×	1	1	0	0	0
1	0	0	0	0	1	×	×	×	1	0	1	1	0
1	0	0	0	0	0	1	×	×	1	0	1	0	0
1	0	0	0	0	0	0	1	×	1	0	0	1	0
1	0	0	0	0	0	0	0	1	1	0	0	0	0

从它的真值表可以看出，除 8 个编码输入信号 $I_0 \sim I_7$ 外，还有一个使能输入端 E_{in}。当 $E_{in} = 0$ 时，禁止编码，此时不论输入 $I_0 \sim I_7$ 为何种状态，输出 $Y_2Y_1Y_0 = 000$；当 $E_{in} = 1$ 时，允许编码。从它的真值表还可以看出，I_7 的优先等级最高，依次降低，I_0 的优先级最低，当 $I_7 = 1$ 时，不管其他输入端是 0 还是 1（图中用 × 表示），只要允许编码，输出都是 7 的编码，$Y_2Y_1Y_0 = 111$。

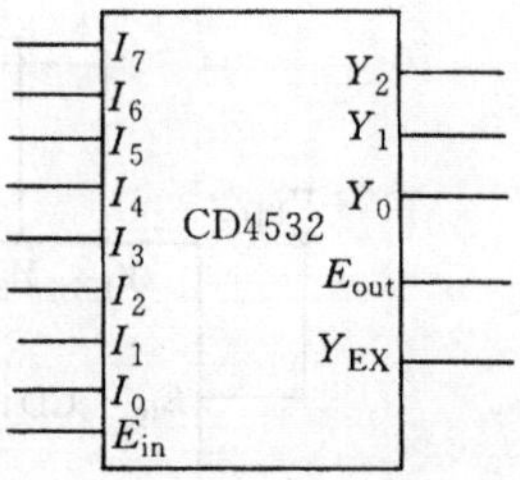

图 3-6　8 线 -3 线优先编码器
CD4532 逻辑框图

E_{out} 为使能输出端，Y_{EX} 为扩展输出端，它们受 E_{in} 控制。当 $E_{in} = 0$ 时，$E_{out} = 0$，$Y_{EX} = 0$。当 $E_{in} = 1$ 时，有两种情况：当 $I_0 \sim I_7$ 端无信号时（全部为 0）, $E_{out} = 1$，$Y_{EX} = 0$，表示本级电路编码输入信号全为 0 但允许编码；当 $I_0 \sim I_7$ 有信号时，$E_{out} = 0$，$Y_{EX} = 1$，表示本级进行了编码，有编码输出。

采用 CD4532 不仅可以进行 8 线 -3 线编码，而且可以扩展使用，例如可以组成 16 线 -4 线编码器，如图 3-7 所示。

图中我们采用了两片 CD4532，把 $X_{15} \sim X_8$ 八个优先级高的编码输入信号接到片 1 上，而把 $X_7 \sim X_0$ 八个优先等级低的编码输入信号接到片 0 上，只有 $X_{15} \sim X_8$ 均无编码信号时，才允许对 $X_7 \sim X_0$ 的输入信号进行编码。因此，只要把片 1 的使能输出端 E_{out} 送至片 0 的使能输入端 E_{in} 就行了。另外，因片 1 的 E_{in} 接 V_{DD}，始终为 1，当片 1 的 $X_{15} \sim X_8$ 有编码信号输入时，$Y_{EX} = 1$；无编码输入时，$Y_{EX} = 0$，因此可以用该片的 Y_{EX} 产生编码输出的第四位 Z_3，以区分 $X_{15} \sim X_8$ 和 $X_7 \sim X_0$ 的编码。

例如，当 X_{13} 输入为 1 时，片 1 的输出 $Y_2Y_1Y_0 = 101$，$Y_{EX} = 1$，所以 $Z_3 = 1$，因为 $E_{out} = 0$，所以片 0 被封锁，它的输出 $Y_2Y_1Y_0 = 000$。通过三个或门，$Z_2Z_1Z_0 = 101$，四位输出 $Z_3Z_2Z_1Z_0 = 1101$，为 13 的二进制编码。如果 $X_{15} \sim X_8$ 中有几个信号都为 1，则输出的是优先

等级最高的那个信号的编码。

当片 1 没有输入编码信号时，片 1 的 $E_{out}=1$，片 0 可以编码。此时片 1 的 $Y_{EX}=0$，所以 $Z_3=0$，片 1 的 $Y_2Y_1Y_0=000$，假如此时片 0 的 $X_5=0$，则 $Y_2Y_1Y_0=101$，通过三个或门后，最终 $Z_3Z_2Z_1Z_0=0101$，为 5 的二进制编码。

因此，图 3-8 所示电路能将 $X_{15} \sim X_0$ 十六个输入信号按优先顺序依次编为 1111 ~ 0000 等十六个四位二进制码。

最后，说明一下输出信号 Y_S 的作用。由图 3-7 可知，当十六个输入端 $X_{15} \sim X_0$ 都为 0，即没有编码输入时，输出 $Z_3Z_2Z_1Z_0=0000$，并且片 1 的 $Y_{EX}=0$，片 0 的 $Y_{EX}=0$，此时 $Y_S=0$。当只有 $X_0=1$ 时，输出的编码还是 $Z_3Z_2Z_1Z_0=0000$，片 1 的 $Y_{EX}=0$，但片 0 的 $Y_{EX}=1$，那么 $Y_S=1$。所以当 $Z_3Z_2Z_1Z_0=0000$，可以用 Y_S 来判断有无编码输入。另外，只要有编码输入，片 1 和片 0 的扩展输出端 Y_{EX} 总有一个为 1，$Y_S=1$。因此，Y_S 是有无编码输入的标志，如果 $Y_S=0$，表示没有编码输入，$Y_S=1$ 表示有编码输入。

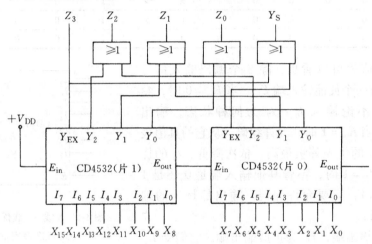

图 3-7 用两片 CD4532 组成的 16 线 – 4 线编码器

高速 CMOS 集成电路 74HC148 也是一种 8 位优先编码器，真值表见表 3-4。

表 3-4 74HC148 真值表

	输			入					输		出	
$\overline{E_{in}}$	$\overline{I_7}$	$\overline{I_6}$	$\overline{I_5}$	$\overline{I_4}$	$\overline{I_3}$	$\overline{I_2}$	$\overline{I_1}$	$\overline{I_0}$	$\overline{Y_{EX}}$	$\overline{Y_2}$	$\overline{Y_1}$	$\overline{Y_0}$	$\overline{E_{out}}$
1	×	×	×	×	×	×	×	×	1	1	1	1	1
0	1	1	1	1	1	1	1	1	1	1	1	1	0
0	0	×	×	×	×	×	×	×	0	0	0	0	1
0	1	0	×	×	×	×	×	×	0	0	0	1	1
0	1	1	0	×	×	×	×	×	0	0	1	0	1
0	1	1	1	0	×	×	×	×	0	0	1	1	1
0	1	1	1	1	0	×	×	×	0	1	0	0	1
0	1	1	1	1	1	0	×	×	0	1	0	1	1
0	1	1	1	1	1	1	0	×	0	1	1	0	1
0	1	1	1	1	1	1	1	0	0	1	1	1	1

从 74HC148 的真值表中可以看出：74HC148 和 CD4532 的功能完全相同，只是 74HC148 的输入和输出都是低电平有效，即低电平表示有信号，高电平表示无信号，输出的二进制码是反码（如果把一个二进制码的每一位分别求反，得到的二进制码称为原码的反码）。另外，扩展时输出端必须使用与门。

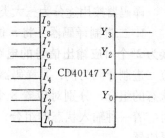

图 3-8 10 线 - 4 线编码器
CD40147 逻辑框图

2. 10 线 - 4 线 8421BCD 码优先编码器 **10 线 - 4 线 8421BCD 码优先编码器有 10 个输入端，每一个对应于一个十进制数（0 ~ 9），通过编码器在输出端得到相应的 BCD 码。为防止输出产生混乱，该编码器通常也设计成优先编码器。**

CD40147 是一种标准型 CMOS 集成 10 线 - 4 线 8421BCD 码优先编码器。其逻辑框图和真值表见图 3-8 和表 3-5 所示。

表 3-5 CD40147 的真值表

输				入						输		出	
I_0	I_1	I_2	I_3	I_4	I_5	I_6	I_7	I_8	I_9	Y_3	Y_2	Y_1	Y_0
0	0	0	0	0	0	0	0	0	0	1	1	1	1
1	0	0	0	0	0	0	0	0	0	0	0	0	0
×	1	0	0	0	0	0	0	0	0	0	0	0	1
×	×	1	0	0	0	0	0	0	0	0	0	1	0
×	×	×	1	0	0	0	0	0	0	0	0	1	1
×	×	×	×	1	0	0	0	0	0	0	1	0	0
×	×	×	×	×	1	0	0	0	0	0	1	0	1
×	×	×	×	×	×	1	0	0	0	0	1	1	0
×	×	×	×	×	×	×	1	0	0	0	1	1	1
×	×	×	×	×	×	×	×	1	0	1	0	0	0
×	×	×	×	×	×	×	×	×	1	1	0	0	1

CD40147 有 10 个输入端 $I_0 \sim I_9$，四个输出端 Y_3、Y_2、Y_1、Y_0，优先等级是从 9 到 0。例如当 $I_9 = 1$ 时，无论其他输入端为何种状态，输出 $Y_3Y_2Y_1Y_0 = 1001$；当 $I_9 = I_8 = 0$，$I_7 = 1$ 时，输出 $Y_3Y_2Y_1Y_0 = 0111$；当其他输入端等于 0，$I_0 = 1$ 时，输出 $Y_3Y_2Y_1Y_0 = 0000$。当十个输入信号全为 0 时，输出 $Y_3Y_2Y_1Y_0 = 1111$，这是一种伪码，表示没有编码输入。

74HC147 也是一种 10 线 - 4 线 8421BCD 码优先编码器，有 9 个数据输入端 $\overline{I_1} \sim \overline{I_9}$ 和四个输出端 $\overline{Y_3}$、$\overline{Y_2}$、$\overline{Y_1}$、$\overline{Y_0}$，优先等级是从 9 到 1，其功能是将 9 个低电平有效的数据输入编码为四个低电平有效的 BCD 码输出（反码输出）。例如当 $\overline{I_9} = 0$ 时，无论其他输入端为何种状态，输出为 1001 的反码 0110，即 $\overline{Y_3}\,\overline{Y_2}\,\overline{Y_1}\,\overline{Y_0} = 0110$。全部数据输入端均为高电平时，输出为十进制 0 的反码，即 1111。

10 线 - 4 线编码器可用于键盘编码等。

二、译码器及显示电路

译码是编码的逆过程，能实现译码功能的电路称为译码器。

译码器按用途分为三大类：二进制译码器、二 – 十进制译码器和显示译码器。

1. **二进制译码器**　将 **n 位二进制代码的 2^n 个状态转换为 2^n 个对应输出信号的电路称为二进制译码器**。以三位二进制译码为例，其译码器有 3 个输入端，有 8 种输入状态的组合，分别对应着 8 个输出端，即每一个输出都对应着一种输入状态的组合，因此，它也称为 3 线 – 8 线译码器。

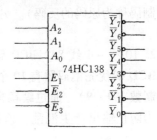

图 3-9　74HC138 逻辑框图

这里，我们介绍一种高速 CMOS 集成 3 线 – 8 线译码器 74HC138，其逻辑框图和真值表分别见图 3-9 和表 3-6 所示。

表 3-6　74HC138 真值表

输			入			输			出				
E_1	$\overline{E_2}$	$\overline{E_3}$	A_2	A_1	A_0	$\overline{Y_0}$	$\overline{Y_1}$	$\overline{Y_2}$	$\overline{Y_3}$	$\overline{Y_4}$	$\overline{Y_5}$	$\overline{Y_6}$	$\overline{Y_7}$
0	×	×	×	×	×	1	1	1	1	1	1	1	1
×	1	×	×	×	×	1	1	1	1	1	1	1	1
×	×	1	×	×	×	1	1	1	1	1	1	1	1
1	0	0	0	0	0	0	1	1	1	1	1	1	1
1	0	0	0	0	1	1	0	1	1	1	1	1	1
1	0	0	0	1	0	1	1	0	1	1	1	1	1
1	0	0	0	1	1	1	1	1	0	1	1	1	1
1	0	0	1	0	0	1	1	1	1	0	1	1	1
1	0	0	1	0	1	1	1	1	1	1	0	1	1
1	0	0	1	1	0	1	1	1	1	1	1	0	1
1	0	0	1	1	1	1	1	1	1	1	1	1	0

从真值表中可以看出：

1）在正常译码（称为"使能"）情况下，8 个译码输出端 $\overline{Y_0} \sim \overline{Y_7}$ 中只有一个输出端为低电平，其余输出端为高电平。由此可见，其译码输出 $\overline{Y_0} \sim \overline{Y_7}$ 为低电平有效。

2）E_1、$\overline{E_2}$、$\overline{E_3}$ 称为使能输入端。只有当 E_1、$\overline{E_2}$、$\overline{E_3}$ 分别为 1、0、0 时，译码器才能正常译码，否则译码器不能译码，所有输出 $\overline{Y_0} \sim \overline{Y_7}$ 全为高电平。

74HC138 基本用途是实现 3 线 – 8 线译码，即以三位二进制数作为译码输入，以 $\overline{Y_0} \sim \overline{Y_7}$ 作为译码输出，正常译码时（E_1、$\overline{E_2}$、$\overline{E_3}$ 分别为 1、0、0），每输入一个二进制数，就总有一个且只有一个输出为低电平，其余输出端为高电平。例如 $A_2A_1A_0 = 101$ 时，$\overline{Y_5} = 0$，其他输出端均为 1。

利用 74HC138 的使能端 E_1、$\overline{E_2}$、$\overline{E_3}$，可以扩展译码器输入的变量数。图 3-10 所示电路是由两片 74HC138 构成的 4 线 – 16 线译码器。另外，74HC138 还可以构成其他功能的组合逻辑电路。

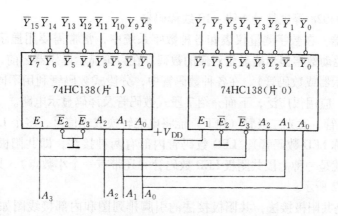

图 3-10 74HC138 构成的 4 线 – 16 线译码器

2. 二 – 十进制译码器 二 – 十进制译码器就是能把某种二 – 十进制代码（即 BCD 码）变换为相应的十进制数码的组合逻辑电路，也称为 4 线 – 10 线译码器，也就是**把代表四位二 – 十进制代码的四个输入信号变换成对应十进制数的十个输出信号**。

74HC42 是一种 4 线 – 10 线译码器，其逻辑框图如图 3-11 所示，真值表见表 3-7。

74HC42 未使用约束项，故能自动拒绝伪码输入。当输入为 1010 ~ 1111 时，输出端 $\overline{Y}_0 \sim \overline{Y}_9$ 均为 1，另外，74HC42 无使能端。

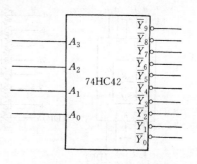

图 3-11 74HC42 逻辑框图

表 3-7 **74HC42 真值表**

十进制数	输入				输出									
	A_3	A_2	A_1	A_0	$\overline{Y}_0$	$\overline{Y}_1$	$\overline{Y}_2$	$\overline{Y}_3$	$\overline{Y}_4$	$\overline{Y}_5$	$\overline{Y}_6$	$\overline{Y}_7$	$\overline{Y}_8$	$\overline{Y}_9$
0	0	0	0	0	0	1	1	1	1	1	1	1	1	1
1	0	0	0	1	1	0	1	1	1	1	1	1	1	1
2	0	0	1	0	1	1	0	1	1	1	1	1	1	1
3	0	0	1	1	1	1	1	0	1	1	1	1	1	1
4	0	1	0	0	1	1	1	1	0	1	1	1	1	1
5	0	1	0	1	1	1	1	1	1	0	1	1	1	1
6	0	1	1	0	1	1	1	1	1	1	0	1	1	1
7	0	1	1	1	1	1	1	1	1	1	1	0	1	1
8	1	0	0	0	1	1	1	1	1	1	1	1	0	1
9	1	0	0	1	1	1	1	1	1	1	1	1	1	0
无效输入	1	0	1	0	1	1	1	1	1	1	1	1	1	1
	1	0	1	1	1	1	1	1	1	1	1	1	1	1
	1	1	0	0	1	1	1	1	1	1	1	1	1	1
	1	1	0	1	1	1	1	1	1	1	1	1	1	1
	1	1	1	0	1	1	1	1	1	1	1	1	1	1
	1	1	1	1	1	1	1	1	1	1	1	1	1	1

74LS145、CD4028 等也都是 4 线 - 10 线译码器。

3. 显示译码器 在数字测量仪表和各种数字系统中，常常需要用**显示译码器**将二 - 十进制代码译码后驱动数字显示器显示对应的数码。在讨论显示译码器之前，应先了解数字显示器（即数码显示器或数码管）。在各种数码管中，分段式数码管利用不同的发光段组合来显示不同的数字，应用很广泛，下面介绍 7 段式数码管及译码显示电路。

1）LED 数码管 发光二极管（LED）能将电能转换成光信号，多个 LED 可以封装成半导体数码管（也称 LED 数码管）。LED 数码管内部有两种接法，即共阳极接法和共阴极接法，例如 BS201 就是一种七段共阴极 LED 数码管（还带有一个小数点），其引脚排列图和内部接线图如图 3-12 所示。

BS204 内部是共阳极接法，共阳极接法的引脚排列图和内部接线图如图 3-13 所示，其外引脚排列图与图 3-12 基本相同（共阴输出变为共阳输出）。

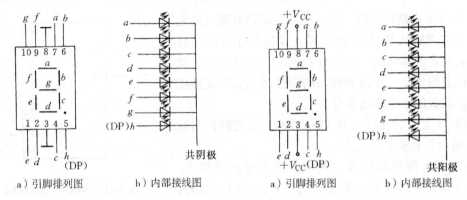

a）引脚排列图　　b）内部接线图　　　　a）引脚排列图　　b）内部接线图

图 3-12　共阴极 LED 数码管 BS201　　　图 3-13　共阳极 LED 数码管 BS204

各段笔划的组合能显示出十进制数 0~9 及某些英文字母，如图 3-14 所示。

图 3-14　七段显示的数字及英文字母图形

半导体数码管的优点是工作电压低（1.7~1.9V）、体积小、可靠性高、寿命长、响应速度快、颜色丰富、亮度高等，缺点是耗电比液晶数码管大，工作电流一般为几毫安至几十毫安。

半导体数码管的工作电流较大，可以用半导体晶体管驱动，也可以用带负载能力较强的 TTL 型 OC 门电路及 74HC 系列或专用的 CD4000 系列的驱动电路直接驱动，常见的方法是采用译码/驱动器直接驱动。

2）液晶显示器和驱动电路 液晶是"液态晶体"的简称，是一种有机化合物，在一定温度范围内，它既具有液体的流动性，又具有晶体的某些光学特性，其透明度和颜色随外加电场的变化而变化。

利用液晶可以制成分段式数码显示器（又称为 LCD 数码管，Liquid Crystal Display），其结构如图 3-15 所示。它是在平整度很好的玻璃上喷上二氧化锡透明导电层，光刻成七段作正面电极（见图 3-15c），在另一面玻璃上对应作成 8 字形反面电极（见图 3-15b），然后封

装成间隙约 $10\mu m$ 的液晶盒，灌注液晶后密封即成。若在液晶显示屏正面电极的某段和反面电极（即公共电极）间，加上适当大小的电压，则该段所夹持的液晶产生散射，显示出暗灰色，未加电的地方液晶分子按一定方向整齐排列，液晶为透明状态，经底部的反光板将周围环境的光线反射上来，显示出乳白色。

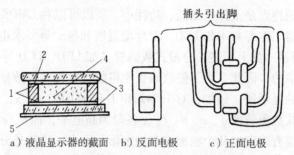

图 3-15 分段式液晶显示器
a）液晶显示器的截面 b）反面电极 c）正面电极
1—透明导电层 2—绝缘密封材料 3—玻璃 4—液晶 5—反光板

液晶显示器是一种被动式显示器件，液晶本身并不发光，而是借助自然光或外来光源显示数码。液晶显示器的优点是工作电流小（$1\mu A$ 左右）、功耗低、工作电压低、结构简单、体积小、成本低等，缺点是显示不够清晰、视角小、响应速度慢、不耐振动、不耐高温和严寒，多用于电子表、计算器及部分数字仪表中。如需要主动发光的液晶数码管，可采用带有背光板的液晶数码管（背光板有等离子发光板等类型），可在夜间清晰地看到所显示的内容。

根据液晶显示器的特点，其驱动电路不宜用直流驱动，因为直流电场会使液晶发生电化学分解反应，缩短工作寿命，因而宜采用交流驱动，要求驱动电压的直流分量必须小于 $100mV$。

液晶数字显示器的交流驱动电路一般采用异或门组成的移相电路，其原理如图 3-16 所示。液晶显示器的公用电极（反面电极）B 端输入一个时钟方波，异或门的输出 S 接显示器的段电极（正面电极）。译码器的输出为控制电平 A，当 A 端为 0 时，$S=B$，显示器两电极的电压为 0，该段不显示。当 A 端为 1 时，$S=\overline{B}$，显示器两电极间施加交流电压，液晶显示器的该段得以显示。交流驱动波形如图 3-17 所示。

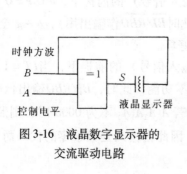

图 3-16 液晶数字显示器的
交流驱动电路

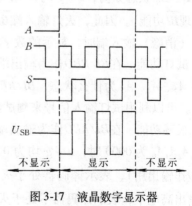

图 3-17 液晶数字显示器
交流驱动波形图

输入的方波信号的占空比必须严格等于 50%，其高低电平值和异或门的输出电平值也必须严格相等，以保证加到显示器两电极上的交流电压平均值为零，否则，过大的直流电压将会使液晶材料迅速分解。另外，为避免显示闪烁，方波频率必须大于人眼可以察觉的上限频率（25Hz）。

由于液晶显示器的特点是工作电压低、功耗小，所以可以和 CMOS 数字集成电路直接配合使用。但液晶显示器工作寿命不如 LED，对环境温度和振动等要求也较苛刻。

3）七段显示译码器　如上所述，分段式数码管（如 LED、LCD 等）是利用不同发光段的组合来显示不同数字的，因此，为了使数码管能将数码所代表的数显示出来，必须首先将数码译出，控制对应的显示段。例如，对于 8421BCD 码的 0101 状态，对应的十进制数为 5，译码驱动器应使分段式数码管的 a、c、d、f、g 各段为高电平，而 b、e 两段为低电平。即对应某一数码，译码器应有确定的几个输出端有规定信号输出，这就是分段式数码管显示译码器电路的特点。

下面，以共阴 BCD 七段译码/驱动器 74HC48 为例说明集成译码器的使用方法。

74HC48 的逻辑框图和真值表如图 3-18 和表 3-8 所示。

从 74HC48 的真值表可以看出，74HC48 应用于高电平驱动的共阴极显示器。当输入信号 $A_3A_2A_1A_0$ 为 0000 ~ 1001 时，分别显示数字 0 ~ 9；而当输入 1010 ~ 1110 时，显示稳定的非数字符号；当输入为 1111 时，七个显示段全暗。可以从显示段出现非 0 ~ 9 数字符号或各段全暗，可以判断出输入已出错，即可检查输入情况。

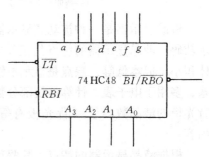

图 3-18　74HC48 BCD
共阴七段译码/驱动器

74HC48 除基本输入端和基本输出端外，还有几个辅助输入输出端：试灯输入端 $\overline{LT}$、灭零输入端 $\overline{RBI}$、灭灯输入/灭零输出端 $\overline{BI}/\overline{RBO}$。其中 $\overline{BI}/\overline{RBO}$ 比较特殊，它既可以作输入用（实现灭灯功能时作为输入），也可作输出用。现根据其真值表，将它们的功能说明如下：

（1）灭灯功能　只要将 $\overline{BI}/\overline{RBO}$ 端作输入用，并输入 0，即 $\overline{BI}=0$ 时，无论 $\overline{LT}$、$\overline{RBI}$ 及 A_3、A_2、A_1、A_0 状态如何，$a \sim g$ 均为 0，显示管熄灭（见真值表 $\overline{BI}$ 功能，此时 $\overline{BI}/\overline{RBO}$ 用作输入，实现 $\overline{BI}$ 功能）。因此，灭灯输入端 $\overline{BI}$ 可用作显示控制。例如，用一个矩形脉冲信号来控制灭灯（消隐）输入端时，显示的数字将在数码管上间歇地闪亮。

（2）试灯功能　在 $\overline{BI}/\overline{RBO}$ 作为输出端（不加输入信号）的前提下，当 $\overline{LT}=0$ 时，不论 $\overline{RBI}$、A_3、A_2、A_1、A_0 为什么状态，$\overline{BI}/\overline{RBO}$ 为 1（此时 $\overline{BI}/\overline{RBO}$ 作输出用），$a \sim g$ 全为 1，所有段全亮。可以利用试灯输入信号来测试数码管的好坏。

（3）灭零功能　在 $\overline{BI}/\overline{RBO}$ 作为输出端（不加输入信号）的前提下，当 $\overline{LT}=1$，$\overline{RBI}=0$ 时，若 $A_3A_2A_1A_0$ 为 0000 时，$a \sim g$ 均为 0，实现灭零功能，此时，$\overline{BI}/\overline{RBO}$ 输出低电平（此时 $\overline{BI}/\overline{RBO}$ 作输出用），表示译码器处于灭零状态。若 $A_3A_2A_1A_0$ 不为 0000 时，则照常显示，$\overline{BI}/\overline{RBO}$ 输出高电平，表示译码器不处于灭零状态。因此当输入是数字零的代码而又不需要显示零的时候，可以利用灭零输入端的功能来实现。

表 3-8　74HC48 真值表

数字功能	输入					输入/输出	输出							显示数字
	$\overline{LT}$	$\overline{RBI}$	A_3	A_2	A_1	A_0	$\overline{BI}/\overline{RBO}$	a	b	c	d	e	f	g	
0	1	1	0	0	0	0	1	1	1	1	1	1	1	0	0
1	1	×	0	0	0	1	1	0	1	1	0	0	0	0	1
2	1	×	0	0	1	0	1	1	1	0	1	1	0	1	2
3	1	×	0	0	1	1	1	1	1	1	1	0	0	1	3
4	1	×	0	1	0	0	1	0	1	1	0	0	1	1	4
5	1	×	0	1	0	1	1	1	0	1	1	0	1	1	5
6	1	×	0	1	1	0	1	0	0	1	1	1	1	1	6
7	1	×	0	1	1	1	1	1	1	1	0	0	0	0	7
8	1	×	1	0	0	0	1	1	1	1	1	1	1	1	8
9	1	×	1	0	0	1	1	1	1	1	0	0	1	1	9
10	1	×	1	0	1	0	1	0	0	0	1	1	0	1	
11	1	×	1	0	1	1	1	0	0	1	1	0	0	1	
12	1	×	1	1	0	0	1	0	1	0	0	0	1	1	
13	1	×	1	1	0	1	1	1	0	0	1	0	1	1	
14	1	×	1	1	1	0	1	0	0	0	1	1	1	1	
15	1	×	1	1	1	1	1	0	0	0	0	0	0	0	全暗
$\overline{BI}$	×	×	×	×	×	×	0	0	0	0	0	0	0	0	全暗
$\overline{RBI}$	1	0	0	0	0	0	0	0	0	0	0	0	0	0	全暗
$\overline{LT}$	0	×	×	×	×	×	1	1	1	1	1	1	1	1	8

$\overline{RBO}$ 与 $\overline{RBI}$ 配合使用，可消去混合小数的前零和无用的尾零。例如一个七位数显示器，如要将 006.0400 显示成 6.04，可按图 3-19 连接，这样既符合人们的阅读习惯，又能减少电

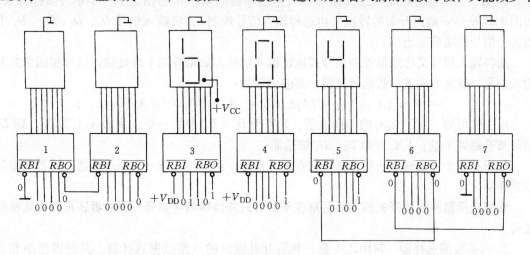

图 3-19　具有灭零控制的七位数码显示系统

能的消耗。图中各片电路 $\overline{LT}=1$，第一片电路 $\overline{RBI}=0$，第一片的 $\overline{RBO}$ 接第二片的 $\overline{RBI}$，当第一片的输入 $A_3A_2A_1A_0=0000$ 时，灭零且 $\overline{RBO}=0$，使第二片也有了灭零条件，只要片2输入零，数码管也可熄灭。片6、片7的原理与此相同。图中，片4的 $\overline{RBI}=1$，不处在灭零状态，因此6与4中间的0得以显示。

由于74HC48内部已设有限流电阻，所以图中译码器的输出端不用接限流电阻，共阴极数码管的共阴极端可以直接接地。

对于共阴接法的数码管，还可以采用74HC248、CD4511等七段锁存译码驱动器。对于液晶显示器，可采用CD4055、CD4056等专用集成电路。其中74HC248的功能和74HC48相同，只是对于数字6和9，分别显示的是"**6**"和"**9**"。

对于共阳接法的数码管，可以采用共阳数码管的字形译码器，如74HC247等，在相同的输入条件下，其输出电平与74HC48相反，但在共阳极数码管上显示的结果是一样的。

另外，在为半导体数码管选择译码驱动电路时，还需要根据半导体数码管工作电流的要求，来选择适当的限流电阻。现以CD4511为例来说明限流电阻的计算方法。如图3-20所示，若CD4511的电源电压 $V_{DD}=5V$，希望流过 LED 某一有效段的电流为 10mA（小于 CD4511 允许的最大输出电流），管压降 $U_{VD}=1.7V$，与该段对应的输出电压在有拉电流负载的情况下，约为 4V 左右，则限流电阻

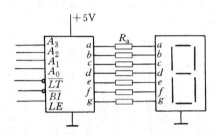

图3-20　CD4511译码驱动电路

$$R_a = \frac{U_O - U_{VD}}{I_D} = \frac{4-1.7}{10}k\Omega = 0.23k\Omega（取 220\Omega）。$$

三、数据选择器

能够实现从多路数据输入端中选择一路进行传输的电路称为数据选择器，又称多路选择器。数据选择器是组合逻辑电路中最重要的组件之一，可实现各种逻辑功能。

1. 数据选择器的功能及工作原理　数据选择器的基本功能相当于一个单刀多掷开关，如图3-21所示。通过开关的转换（由选择输入信号控制），将输入信号 D_0、D_1、D_2、D_3 中的某个信号传送到输出端。

选择输入信号又称地址控制信号或地址输入信号。如果有两个地址输入信号和四个数据输入信号，就称为四选一数据传送器，其输出信号：

$$Y = (\overline{A_1}\,\overline{A_0})D_0 + (\overline{A_1}A_0)D_1 + (A_1\,\overline{A_0})D_2 + (A_1A_0)D_3$$

由上式可知，对于 A_1A_0 的不同取值，Y 等于 $D_0 \sim D_3$ 中的一个。例如 A_1A_0 为 00，则 D_0 信号被选通到 Y 端；A_1A_0 为 11 时，D_3 被选通。

如果有三个地址输入信号，八个数据输入信号，就称为八选一数据选择器，或者八路数据选择器。

数据选择器和模拟开关的本质区别在于前者只能传输数字信号，而后者还可以传输模拟信号。

2. 八路数据选择器　74HC151是一种有互补输出的八路数据选择器，其逻辑框图和真值表如图3-22和表3-9所示。

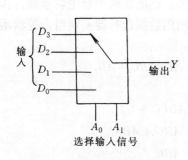

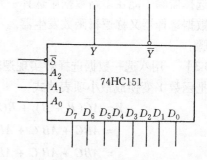

图 3-21 数据选择器原理框图　　图 3-22 八路数据选择器 74HC151 逻辑符号

表 3-9　74HC151 真值表

使　能	输　　入			输　　出	
$\overline{S}$	A_2	A_1	A_0	Y	$\overline{Y}$
1	×	×	×	0	1
0	0	0	0	D_0	$\overline{D_0}$
0	0	0	1	D_1	$\overline{D_1}$
0	0	1	0	D_2	$\overline{D_2}$
0	0	1	1	D_3	$\overline{D_3}$
0	1	0	0	D_4	$\overline{D_4}$
0	1	0	1	D_5	$\overline{D_5}$
0	1	1	0	D_6	$\overline{D_6}$
0	1	1	1	D_7	$\overline{D_7}$

当 $\overline{S} = 1$ 时，选择器不从数据输入端选择信号输出，输出端被锁定为：$Y = 0$，$\overline{Y} = 1$。

当 $\overline{S} = 0$ 时，选择器正常工作，其输出逻辑表达式：

$$Y = (\overline{A_2}\,\overline{A_1}\,\overline{A_0})D_0 + (\overline{A_2}\,\overline{A_1}A_0)D_1 + (\overline{A_2}A_1\,\overline{A_0})D_2 + (\overline{A_2}A_1A_0)D_3$$
$$+ (A_2\,\overline{A_1}\,\overline{A_0})D_4 + (A_2\,\overline{A_1}A_0)D_5 + (A_2A_1\,\overline{A_0})D_6 + (A_2A_1A_0)D_7$$

对于地址输入信号的任何一种状态组合，都有一个输入数据被送到输出端。例如，当 $A_2A_1A_0 = 000$ 时，$Y = D_0$，当 $A_2A_1A_0 = 101$ 时，$Y = D_5$。

CD4512 是一种三态输出的八路数据选择器（但没有 $\overline{Y}$ 输出端），除使能端外，还有一个三态输出控制端。当三态输出控制端为 0 时，其功能和 74HC151 相同；当三态输出控制端为 1 时，输出为高阻态。

3. 数据选择器的应用　数据选择器的典型应用电路如图 3-23 所示。该电路是由数据选择器构成的无触点切换电路，用于切换四种频率的输入信号。图中 CD4529 是双四选一数据选择器，只用其中的一半。四路信号由 $X_0 \sim X_3$ 输入，Z 端的输出由 A、B 端来控制。例如，当 $BA = 11$ 时，X_3 被选中，$f_3 = 1\text{kHz}$ 的方波信号由 Z 端输出；当 $BA = 10$ 时，$f_Z = 150\text{Hz}$。

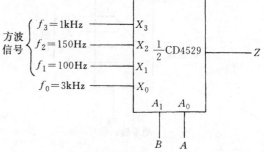

图 3-23　无触点切换电路

数据选择器除了能在多路数据中选择一路数据输出外，还能实现组合逻辑函数，作为这种用途的数据选择器又称逻辑函数发生器。下面举例说明用数据选择器实现组合逻辑函数的方法和步骤。

【例 3-3】 用八选一数据选择器实现逻辑函数 $Y = A\bar{C} + BC + A\bar{B}$。

解： 把函数 Y 变换成最小项表达式：

$$Y = A\bar{C}(B + \bar{B}) + BC(A + \bar{A}) + A\bar{B}(C + \bar{C})$$
$$= AB\bar{C} + A\bar{B}\bar{C} + ABC + \bar{A}BC + A\bar{B}C + A\bar{B}\bar{C}$$
$$= \bar{A}BC + A\bar{B}\bar{C} + A\bar{B}C + AB\bar{C} + ABC$$
$$= m_3 + m_4 + m_5 + m_6 + m_7$$

八选一数据选择器的输出表达式为：（设 $A_2 = A$，$A_1 = B$，$A_0 = C$）

$$Y = \bar{A}\,\bar{B}\,\bar{C}\,D_0 + \bar{A}\,\bar{B}CD_1 + \bar{A}B\,\bar{C}D_2 + \bar{A}BCD_3 + A\bar{B}\,\bar{C}D_4 + A\bar{B}CD_5 + AB\bar{C}D_6 + ABCD_7$$

$$= m_0D_0 + m_1D_1 + m_2D_2 + m_3D_3 + m_4D_4 + m_5D_5 + m_6D_6 + m_7D_7$$

比较上面两式可知：当 $D_0 = D_1 = D_2 = 0$，$D_3 = D_4 = D_5 = D_6 = D_7 = 1$ 时，两式相同。即八选一数据选择器按上面的要求分别使各数据输入端接 1、接 0 后，随着地址信号的变化，输出端就产生所需要的函数，连接图如图 3-24 所示。

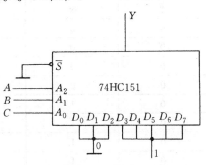

图 3-24 74HC151 实现
$Y = A\bar{C} + BC + A\bar{B}$ 的连接图

四、数据分配器

数据分配器能根据地址信号将一路输入数据按需要分配给某一个对应的输出端，是数据选择器的逆过程。 它有一个数据输入端，多个数据输出端和相应的地址控制端（或称地址输入端），其功能相当于一个波段开关，如图 3-25 所示。

应当注意的是，厂家并不生产专门的数据分配器，数据分配器实际上是译码器（分段显示译码器除外）的一种特殊应用。作为数据分配器使用的译码器必须具有"使能"端，作为数据输入端使用，译码器的输入端作为地址输入端，其输出端则作为数据分配器的输出端。图 3-26 是由译码器 74HC138 所构成的八路数据分配器的逻辑框图（74HC138 的真值表和逻辑框图见图 3-9 和表 3-6 所示）。

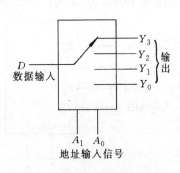

图 3-25 数据分配器原理框图

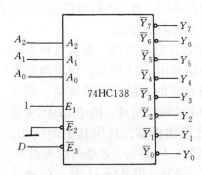

图 3-26 74HC138 所构成的
八路数据分配器的逻辑框图

图中，$E_1 = 1$，$\overline{E_2} = 0$，$\overline{E_3}$ 作为数据输入端用 D 表示，A_2、A_1、A_0 为地址输入信号，$Y_0 \sim Y_7$ 为输出端（分别接 74HC138 的 $\overline{Y_0} \sim \overline{Y_7}$）。当 $D = 0$ 时，译码器译码，与地址输入信号对应的输出端为 0，等于 D；当 $D = 1$ 时，译码器不译码，所有输出全为 1，与地址输入信号对应的输出端也为 1，也等于 D。所以，不论什么情况，与地址输入信号对应的输出端都等于 D。例如，当 $A_2A_1A_0 = 101$ 时，$Y_5 = D$。

五、数值比较器

在数字系统中，经常需要对两组二进制数或二–十进制数进行比较，能实现这一功能的电路称为数值比较器。

1. 一位二进制数值比较器　比较两个一位二进制数很容易，其真值表如表 3-10 所示，输入变量是两个比较数 A 和 B，输出变量 $Q_{A>B}$、$Q_{A<B}$、$Q_{A=B}$ 分别表示 $A>B$、$A<B$、$A=B$ 三种比较结果。

表 3-10　一位二进制数值比较器的真值表

输　　入		输　　出		
A	B	$Q_{A>B}$	$Q_{A=B}$	$Q_{A<B}$
0	0	0	1	0
0	1	0	0	1
1	0	1	0	0
1	1	0	1	0

从真值表可得：

$$Q_{A>B} = A\overline{B}$$
$$Q_{A<B} = \overline{A}B$$
$$Q_{A=B} = AB + \overline{A}\,\overline{B} = A \odot B = \overline{A \oplus B} = \overline{A\overline{B} + \overline{A}B}$$

可以用逻辑门电路来实现，如图 3-27 所示。

2. 多位数值比较器　对于多位数值的比较，需要从高位到低位逐位进行比较。如果 A 数最高位大于 B 数最高位，则不论其他各位情况如何，定有 $A>B$；如果 A 数最高位小于 B 数最高位，则 $A<B$；如果 A 数最高位等于 B 数最高位，再比较次高位，依次类推。

多位数值比较器的种类很多，下面介绍两种四位数值比较器 74HC85 和 CD4585。

74HC85 的逻辑框图和真值表见图 3-28 和表 3-11 所示。

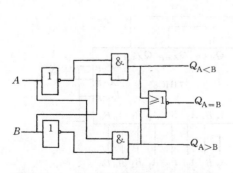

图 3-27　一位二进制数值比较器逻辑图

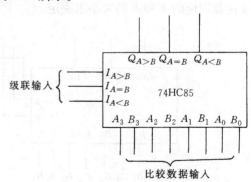

图 3-28　74HC85 逻辑框图

表 3-11　74HC85 真值表

输　　入							输　　出		
$A_3 B_3$	$A_2 B_2$	$A_1 B_1$	$A_0 B_0$	$I_{A>B}$	$I_{A<B}$	$I_{A=B}$	$Q_{A>B}$	$Q_{A<B}$	$Q_{A=B}$
$A_3 > B_3$	×	×	×	×	×	×	1	0	0
$A_3 < B_3$	×	×	×	×	×	×	0	1	0
$A_3 = B_3$	$A_2 > B_2$	×	×	×	×	×	1	0	0
$A_3 = B_3$	$A_2 < B_2$	×	×	×	×	×	0	1	0
$A_3 = B_3$	$A_2 = B_2$	$A_1 > B_1$	×	×	×	×	1	0	0
$A_3 = B_3$	$A_2 = B_2$	$A_1 < B_1$	×	×	×	×	0	1	0
$A_3 = B_3$	$A_2 = B_2$	$A_1 = B_1$	$A_0 > B_0$	×	×	×	1	0	0
$A_3 = B_3$	$A_2 = B_2$	$A_1 = B_1$	$A_0 < B_0$	×	×	×	0	1	0
$A_3 = B_3$	$A_2 = B_2$	$A_1 = B_1$	$A_0 = B_0$	1	0	0	1	0	0
$A_3 = B_3$	$A_2 = B_2$	$A_1 = B_1$	$A_0 = B_0$	0	1	0	0	1	0
$A_3 = B_3$	$A_2 = B_2$	$A_1 = B_1$	$A_0 = B_0$	0	0	1	0	0	1

74HC85 有八个数码输入端 $A_3 A_2 A_1 A_0$ 和 $B_3 B_2 B_1 B_0$，三个级联输入端（用于增加比较的位数）$I_{A>B}$、$I_{A=B}$、$I_{A<B}$，和三个输出端 $Q_{A>B}$、$Q_{A=B}$、$Q_{A<B}$。

从上表可知，当 $A_3 A_2 A_1 A_0 = B_3 B_2 B_1 B_0$ 时，必须考虑级联输入端的状态。

CD4585 也是四位数值比较器，其真值表和 74HC85 完全一样，只是工作频率比前者低些。

3. 数值比较器的典型应用　利用四位数值比较器可以组成四位并行比较器，如图 3-29 所示。只要把级联输入端 $I_{A>B}$、$I_{A<B}$ 接 0，$I_{A=B}$ 接 1 即可。

数值比较器的级联输入端是为了扩展比较位数供级联使用的。当需要扩大数码比较的位数时，可将低位比较器的输出端 $Q_{A>B}$、$Q_{A<B}$、$Q_{A=B}$ 分别接到高位比较器的级联输入端上。如图 3-30 所示电路是由两片 74HC85 构成的八位数值比较器。当高四位的 A 和 B 均相等时，三个 Q 端的状态就改由三个级联输入端来决定，而三个级联输入端是与低四位的三个 Q 端相连的，它们的状态又由低四位的 A 和 B 的大小来决定。

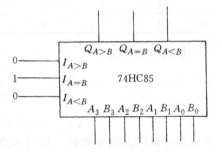

图 3-29　四位并行比较器

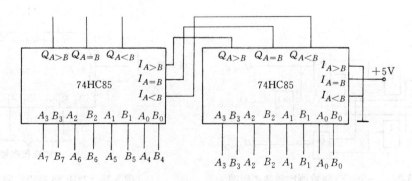

图 3-30　用两片 74HC85 构成的八位数值比较器

图 3-31 所示电路是一个由 74HC85 构成的报警电路，其功能是将输入的 BCD 码与设定的 BCD 码进行比较，当输入值大于设定值时报警。

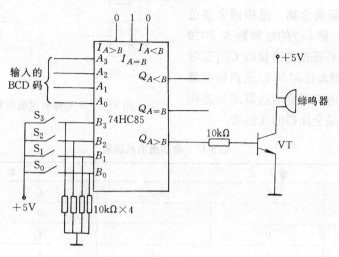

图 3-31　74HC85 构成的报警电路

例如，当 S_0、S_1、S_2 闭合、S_3 断开时，$B_3 B_2 B_1 B_0 = 0111$。若输入值 $A_3 A_2 A_1 A_0 = 0110$ 时，$Q_{A<B} = 1$，其余两输入端为 0，晶体管 VT 截止，报警器不报警。若输入值 $A_3 A_2 A_1 A_0 = 0111$ 时，$Q_{A=B} = 1$，其余两输入端为 0，报警器也不报警。若输入值 $A_3 A_2 A_1 A_0 = 1000$ 时，$Q_{A>B} = 1$，其余两输入端为 0，晶体管 VT 导通，蜂鸣器发出报警声。

改变 $S_1 \sim S_4$ 的状态，可以改变报警的下限值。

六、加法器

算术运算电路是数字系统和计算机中不可缺少的单元电路，最常用的是加法器。加法器按功能可分为半加器和全加器。

1. **半加器**　能够完成两个一位二进制数 A 和 B 相加的组合逻辑电路称为半加器。根据两个一位二进制数 A 和 B 相加的运算规律可得半加器真值表，如表 3-12 所示。表中，A 和 B 分别表示加数和被加数，S 表示半加和，C 表示进位。

表 3-12　半加器真值表

输　　　入		输　　　出	
A	B	S	C
0	0	0	0
0	1	1	0
1	0	1	0
1	1	0	1

由真值表可得半加和 S 和进位 C 的表达式

$$S = A\bar{B} + \bar{A}B = A \oplus B$$

$$C = AB$$

图 3-32 是半加器的逻辑图和逻辑符号。

2. 全加器　所谓全加，是指两个多位二进制数相加时，第 i 位的被加数 A_i 和加数 B_i 以及来自相邻低位的进位数 C_{i-1} 三者相加，其结果得到本位和 S_i 以及向相邻高位的进位 C_i。这种实现全加运算的电路叫全加器。表 3-13 是全加器的真值表。

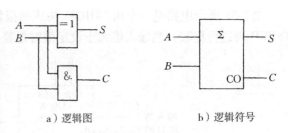

a）逻辑图　　　　　b）逻辑符号

图 3-32　半加器的逻辑图和逻辑符号

表 3-13　全加器的真值表

输　　入			输　　出	
A_i	B_i	C_{i-1}	S_i	C_i
0	0	0	0	0
0	0	1	1	0
0	1	0	1	0
0	1	1	0	1
1	0	0	1	0
1	0	1	0	1
1	1	0	0	1
1	1	1	1	1

由真值表可得本位和 S_i 和进位 C_i 的表达式

$$S_i = \overline{A_i}\,\overline{B_i}C_{i-1} + \overline{A_i}B_i\overline{C_{i-1}} + A_i\,\overline{B_i}\,\overline{C_{i-1}} + A_iB_iC_{i-1}$$
$$= (\overline{A_i}B_i + A_i\,\overline{B_i})\overline{C_{i-1}} + (\overline{A_i}\,\overline{B_i} + A_iB_i)C_{i-1}$$
$$= (A_i \oplus B_i)\overline{C_{i-1}} + (\overline{A_i \oplus B_i})C_{i-1} = A_i \oplus B_i \oplus C_{i-1}$$
$$C_i = \overline{A_i}B_iC_{i-1} + A_i\,\overline{B_i}C_{i-1} + A_iB_i\overline{C_{i-1}} + A_iB_iC_{i-1}$$
$$= (\overline{A_i}B_i + A_i\,\overline{B_i})C_{i-1} + A_iB_i(\overline{C_{i-1}} + C_{i-1}) = (A_i \oplus B_i)C_{i-1} + A_iB_i$$

图 3-33 是全加器的逻辑图和逻辑符号。

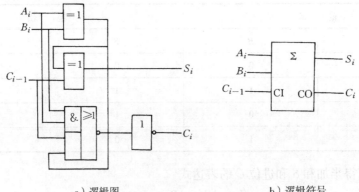

a）逻辑图　　　　　　　　　　b）逻辑符号

图 3-33　全加器的逻辑图和逻辑符号

3. **多位二进制加法器** 一个半加器或全加器只能完成两个一位二进制数的相加，要实现两个多位二进制数的加法运算，就必须使用多个全加器（最低位可用半加器），最简单的方法是将多个全加器串行连接，即将低位全加器的进位输出 C_i 接到高位的进位输入 C_{i-1} 上去。图 3-34 所示的是四位串行进位的加法器逻辑图。

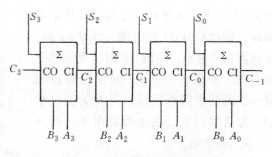

图 3-34 4 位串行加法器逻辑图

多位加法器的实现电路还有其他形式，读者可参阅有关部资料。也有专门的中规模集成全加器，如 74LS238、74LS283 都是中规模集成 4 位全加器。

第三节 组合逻辑电路应用实例

一、滚环电路

图 3-35 所示电路是由 4 线 – 16 线译码/分配器 74HC154 和同步四位二进制计数器 74HC161 以及一个 555 定时器组成的滚环电路。

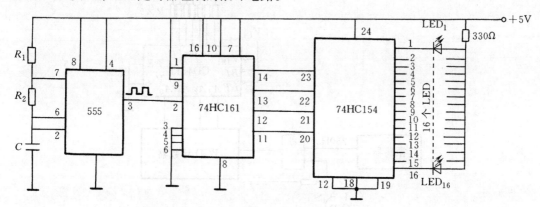

图 3-35 滚环电路

该电路中 555 定时器组成了一个多谐振荡器，可以输出一定频率的矩形脉冲（见本书第六章内容）。74HC161 是一个同步四位二进制计数器，当它输入一个周期性脉冲信号时，随着脉冲信号的输入，其输出为二进制数形式，并且在 0000 ~ 1111 之间循环变化（见本书第五章内容），通过 4 线 – 16 线译码器 74HC154，其 16 条输出线按照 74HC161 所加给的二进制数码的变化依次变成低电平，哪条输出线为低电平，与它相连的发光二极管就亮。因为任一时刻，只有一个发光二极管亮，所以所有 16 个发光二极管只接一个限流电阻。该电路的 16 个发光二极管若组成环状，那么发光二极管依次点亮时，就像一个光点在顺环转动一样，可用在灯光布置或装饰上。

二、闪烁显示器

图 3-36 所示电路为闪烁显示器电路。图中，CD4511 为 BCD 七段锁存译码/驱动器，四 2 输入与非门 CD4011 构成多谐振荡器，可以输出 1Hz 左右的矩形脉冲（见本书第六章内

容）。当 E 为高电平时，振荡器输出矩形脉冲，接在 CD4511 的 $\overline{BI}$ 端，当 $\overline{BI}=1$ 时，显示器正常显示；当 $\overline{BI}=0$ 时，显示器七段全灭，不显示，这样，显示器将以每秒一次的频率闪烁显示。当 E 为低电平时，振荡器停振，输出为低电平，$\overline{BI}=0$，显示器全暗。

三、随机数字显示器

图 3-37 所示电路是由 BCD 七段锁存译码/驱动器 CD4511、共阴极显示数码管 BS201 以及与非门构成的随机数字显示器。该电路可用作摇奖、抽签等。

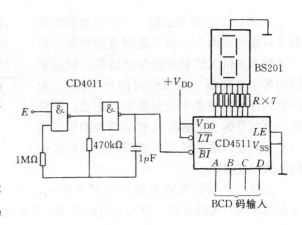

图 3-36 闪烁显示器

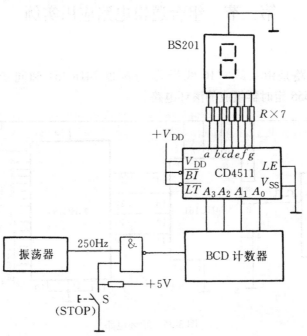

图 3-37 随机数字显示器

图中，振荡器产生 250Hz 的方波信号，经与非门反相后送到十进制（BCD）计数器中计数，计数结果以 BCD 码方式送到 CD4511。CD4511 是一种 BCD 七段锁存译码/驱动器，具有较大的输出驱动电流能力，最大可达 25mA，可以直接驱动共阴极 LED 数码管。CD4511 作七段译码后，驱动共阴极数码管，显示计数器内容。

由于振荡器频率为 250Hz，数码管以每秒 250 次滚动显示与计数结果对应的数字，使观察者无法看清。当观察者随机合上"停止"开关时，有低出高，与非门的输出被锁定为高电平，250Hz 的方波无法通过，计数器停止计数，数码管稳定地显示出计数器中的 BCD 码所对应的数值，其值为 0～9 的随机数。

另外，CD4511 和 BS201 之间应串接限流电阻。

本 章 小 结

组合逻辑电路的输出状态只取决于同一时刻的输入状态，而与电路的原状态无关。组合逻辑电路可由逻辑门电路、集成组合逻辑单元电路等组成。

学习本章的目的，在于通过对常用组合逻辑器件的功能和应用电路的分析，掌握组合逻辑电路的特点以及分析和设计的基本方法。

分析组合逻辑电路的目的是确定它的功能，即根据给定的逻辑电路，确定输入信号和输出信号之间的逻辑关系。

用逻辑门电路设计组合逻辑电路的步骤中，关键的一步是由实际问题列出真值表，然后写出表达式。若问题比较简单，也可以分析输入和输出之间的逻辑规律，直接写出表达式。

本章重点介绍了具有特定功能的常用的一些组合逻辑单元电路（如编码器、译码器、数据选择器、数据分配器、数值比较器和加法器等）的工作原理、逻辑功能、特点和相应的集成器件的型号及使用方法，只有熟悉它们的逻辑功能，才能灵活应用。真值表（功能表）是分析和应用各种逻辑电路的重要依据。同时，分析和应用各种逻辑电路还要运用逻辑代数这一重要的数学工具。

练 习 题

一、填空题

1. 若要实现逻辑函数 $F = AB + BC$，可以用两个_____门和一个_____门；或者用_____个与非门。

2. 半加器有_____个输入端，_____个输出端；全加器有_____个输入端，_____个输出端。

3. 半导体数码显示器的内部接法有两种形式：共_____接法和共_____接法。

4. 对于共阳极接法的发光二极管数码显示器，应采用_____电平驱动的七段显示译码器。

二、判断题

1. 优先编码器的编码信号是相互排斥的，不允许多个编码信号同时有效。 （　　　）

2. 半导体数码显示器的工作电流大，约 10mA 左右，因此，需要考虑电流驱动问题。
（　　　）

3. 普通液晶显示器的优点是功耗极小、工作电压低。 （　　　）

4. 普通液晶显示器可以在完全黑暗的工作环境中使用。 （　　　）

三、单项选择题

1. 若编码器有 50 个编码对象，则输出二进制代码位数至少为（　　　）位。

A. 5 　　　　　　　B. 6 　　　　　　　C. 10 　　　　　　　D. 50

2. 八路数据分配器，其地址输入端有_____个。

A. 1 　　　　　　　B. 2 　　　　　　　C. 3 　　　　　　　D. 8

3. 将二进制数 $A = 1011$ 和 $B = 1100$ 作为 74HC85 的输入，则（　　　）数据输出端为1。

A. $Q_{A>B}$ 　　　　B. $Q_{A<B}$ 　　　　C. $Q_{A=B}$ 　　　　D. $I_{A>B}$

四、计算分析题

1. 试分析图 3-38 所示逻辑电路的功能。

2. 逻辑电路如图 3-39 所示，试分析其逻辑功能。

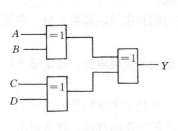

图 3-38

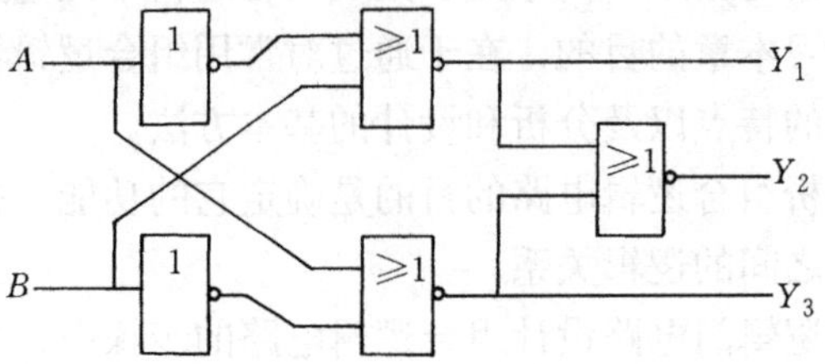

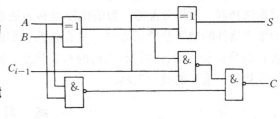

图 3-39

3. 试分析图 3-40 所示逻辑电路的功能。

4. 试用与非门和反相器设计一个四位的奇偶校验器，即当四位数中有奇数个 1 时，输出为 0，否则输出为 1。

5. 设计一个故障指示电路，要求的功能如下：

1）两台电动机同时工作时，绿灯 G 亮；

2）其中一台发生故障时，黄灯 Y 亮；

3）两台发动机都有故障时，则红灯 R 亮。

图 3-40

6. 有一列自动控制的地铁电气列车，在所有的门都已关上和下一段路轨已空出的条件下才能离开站台。但是，如果发生关门故障，则在开着门的情况下，车子可以通过手动操作开动，但仍要求下一段空出路轨。试用与非门设计一个控制电气列车开动的逻辑电路。（提示：设 A 为门开关信号，$A=1$ 门关；B 为路轨控制信号，$B=1$ 路轨空出；C 为手动操作信号，$C=1$ 手动操作；Y 为列车开动信号，$Y=1$ 列车开动。）

7. 电路如图 3-41 所示，问图中哪个发光二极管发光（注：74LS283 是 4 位全加器）。

8. 设计一个如图 3-42 所示五段 LED 数码管显示电路。输入为 A、B，要求能显示英文 Error 中的三个字母 E、r（r 用 Γ 表示）、o，并要求 $AB=1$ 时全暗），列出真值表，用与非门画出逻辑图。

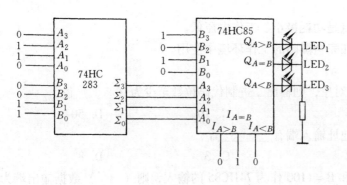

图 3-41

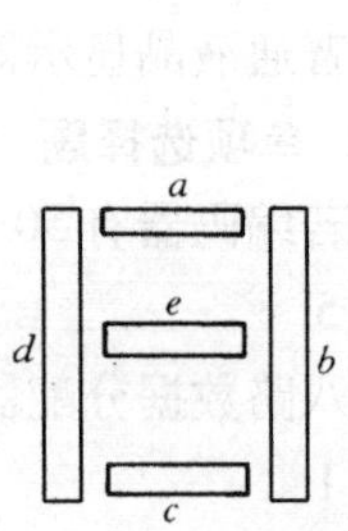

图 3-42

9. 人有四种血型：A、B、AB 和 O 型，O 型为万能输血者，能为其他血型的受血者输血，AB 为万能受血者，能接受其他血型为其输血，其他情况输血者必须和受血者血型相同，否则会有生命危险。试用与非门设计一个组合逻辑电路，判断输血者和受学者血型是否符合规定。（提示：可用两个输入变量的组合代表输血者血型，另外两个输入变量的组合代表受血者血型，用输出变量代表是否符合规定。）

10. 如图 3-43 所示，74HC153 是四选一数据选择器，试写出输出 Y 的最简与或表达式，并用 74HC153 实现逻辑函数：

$$Z = \overline{A}B\overline{C} + A\overline{B} + \overline{A}\,\overline{B}C$$

11. 如图 3-44 所示，74HC138 是 3 线 – 8 线译码器，试写出 Z_1、Z_2 的最简与或式。（提示：使能端有效时，74HC138 的输出分别等于输入变量的与非逻辑，如：$\overline{Y}_0 = \overline{\overline{A}\,\overline{B}\,\overline{C}}$，$\overline{Y}_1 = \overline{\overline{A}\,\overline{B}C}$，$\cdots$，$\overline{Y}_7 = \overline{ABC}$ 等。）

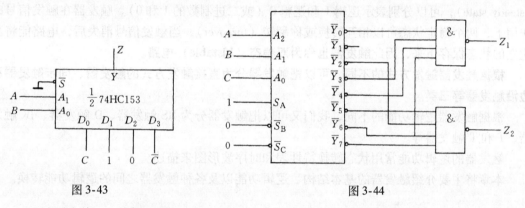

图 3-43   图 3-44

12. 试用 3 线 – 8 线译码器 74HC138 和与非门分别实现下列逻辑函数。（提示：先将下列逻辑函数转换成最小项表达式，再转换成与非 – 与非表达式，然后用 74HC138 和与非门实现，参见上题。）

1) $Z = ABC + \overline{A}\ (B + C)$；

2) $Z = AB + BC$。

13. 如图 3-45 所示，74HC148 是 8 线 – 3 线优先编码器，其真值表见表 3-4，试判断输出信号 W、Z、B_2、B_1、B_0 的状态（高电平或低电平）。

14. 如图 3-46 所示，74HC147 是 8421BCD 码输出的 10 线 – 4 线优先编码器，输入输出均低电平有效，试判断输出信号 B_3、B_2、B_1、B_0 的状态（高电平或低电平）。

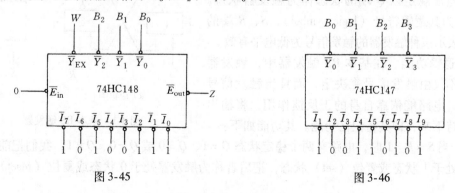

图 3-45   图 3-46

第四章 触发器

在数字系统中，不但要对数字信号进行算术运算和逻辑运算，有时还需要将运算结果保存起来，这就需要具有记忆（memory）功能的逻辑单元。触发器（Flip – Flop，简称 FF）是一种能够存储一位二进制数字信号的基本逻辑单元电路。触发器具有两个稳定状态（steady state），可以分别表示逻辑 1 和逻辑 0（或二进制数的 1 和 0）。触发器在触发信号的作用下，两个稳定状态可以相互转换或称翻转（turnover），当触发信号消失后，电路能将新建立的状态保存下来，因此触发器也称为双稳态（bistable）电路。

根据触发器触发方式的不同，可以把触发器分为直接触发方式的触发器、同步触发器和边沿触发器等三类。

根据触发器逻辑功能的不同，我们又可以把触发器分为 RS 触发器、D 触发器、JK 触发器、T 和 T′触发器等。

触发器的逻辑功能常用状态转换特性表和时序波形图来描述。

本章将主要介绍触发器的基本结构、逻辑功能以及各种触发器之间的逻辑功能转换。

第一节 直接触发方式的 RS 触发器

一、基本 RS 触发器

基本 RS 触发器又称为 RS 锁存器（latch），属直接触发方式，在各种触发器中，它的结构最简单，但却是各种复杂结构触发器的基本组成部分。

1. 电路组成　图 4-1a 所示的电路是由两个与非门组成的基本 RS 触发器。$\bar{S}$、$\bar{R}$ 是两个信号输入端，字母上的非号表示该两端正常情况下处于高电平，有触发信号时变为低电平，即触发信号低电平有效。Q、$\bar{Q}$ 为两个互补的信号输出端，通常规定以 Q 端的状态作为触发器状态。图 4-1b 为其逻辑符号（logic symbol），$\bar{S}$、$\bar{R}$ 端的小圈也表示该种触发器的触发信号为低电平有效。

2. 逻辑功能　在基本 RS 触发器中，触发器的输出不仅由触发信号来决定，而且当触发信号消失后，电路能依靠自身的正反馈作用，将输出状态保持下来，即具备记忆功能。其功能如下：

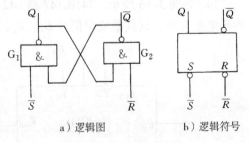

a）逻辑图　　　b）逻辑符号

图 4-1　基本 RS 触发器

1）当 $\bar{S} = \bar{R} = 1$ 时，电路有两个稳定状态 $Q = 1$、$\bar{Q} = 0$ 或 $Q = 0$、$\bar{Q} = 1$，我们把前者称为触发器处于 1 状态或置位（set）状态，把后者称为触发器处于 0 状态或复位（reset）状态，这两种状态是稳定的。例如，当 $Q=1$、$\bar{Q}=0$ 时，$\bar{Q}$ 反馈到 G_1 输入端，使 Q 恒为高电平 1，Q 反馈回 G_2，由于这时 $\bar{R}=1$，使 $\bar{Q}$ 为低电平 0，电路处于稳定状态。因此，我们又把触发器称为双稳态电路。

2）当 $\bar{R}=1$、$\bar{S}=0$（即在 $\bar{S}$ 端加有低电平触发信号）时，$Q=1$，G_2 门输入全为 1，$\bar{Q}=0$，触发器为 1 状态，因此我们把 $\bar{S}$ 端称为置 1 输入端，又称置位端。这时，即使 $\bar{S}$ 端恢复到高电平，$Q=1$、$\bar{Q}=0$ 的状态仍将保持下去，这就是所谓的记忆功能。

3）当 $\bar{R}=0$、$\bar{S}=1$（即在 $\bar{R}$ 端加有低电平触发信号）时，$\bar{Q}=1$，G_1 门输入全为 1，$Q=0$，触发器为 0 状态。因此我们把 $\bar{R}$ 端称为置 0 输入端，又称复位端。这时，即使 $\bar{R}$ 端恢复到高电平，$Q=0$、$\bar{Q}=1$ 的状态仍将继续保持。

4）当 $\bar{R}=0$、$\bar{S}=0$（即在 $\bar{S}$、$\bar{R}$ 端同时加有低电平触发信号）时，$Q=\bar{Q}=1$，这是一种不稳定状态，既不是 1 状态，也不是 0 状态，称为不定状态，在 RS 触发器中属于不正常状态。这是因为，在这种情况下，当 $\bar{S}=\bar{R}=0$ 的信号同时消失变为高电平后，触发器转换为什么状态将不确定，可能为 1 态，也可能为 0 态，因此，这种状态在使用中是不允许出现的，应予以避免。如需使触发器存储 0，则将其置 0（$\bar{R}$ 加低电平触发信号），如需使触发器存储 1，则将其置 1（$\bar{S}$ 加低电平触发信号），不能同时给触发器既加置 1 信号又加置 0 信号。

可见，在正常工作条件下，当触发信号到来时（低电平有效），触发器翻转成相应的状态，触发信号过后（恢复到高电平），触发器状态维持不变，基本 RS 触发器具有记忆功能。

3. 逻辑功能的描述　在描述触发器的逻辑功能时，为了分析上方便，我们规定：触发器在接收触发信号之前的原稳定状态称为初态（present），用 Q^n 表示；触发器接收触发信号之后建立的新稳定状态叫做次态（next state），用 Q^{n+1} 表示。触发器的次态 Q^{n+1} 是由触发信号和初态 Q^n 的取值情况所决定的。例如，在 $Q^n=1$、$\bar{Q}^n=0$ 时，若 $\bar{S}=0$、$\bar{R}=1$，则 $Q^{n+1}=1$ 将维持不变；若 $\bar{R}=0$、$\bar{S}=1$，则 $Q^{n+1}=0$，即触发器由 1 状态翻转到 0 状态。

在数字电路中，可采用下述两种方法来描述触发器的逻辑功能：

1）状态转换特性表　描述逻辑电路输出与输入之间逻辑关系的表格称为真值表，由于触发器次态 Q^{n+1} 不仅与输入的触发信号有关，而且还与触发器原来所处的状态 Q^n 有关，所以应把 Q^n 也作为一个逻辑变量（称为状态变量）列入真值表中，并把这种含有状态变量的真值表叫做触发器的特性表。基本 RS 触发器的特性表如表 4-1 所示。

表 4-1　基本 RS 触发器状态转换特性表

$\bar{R}$	$\bar{S}$	Q^n	Q^{n+1}
1	1	0	0
1	1	1	1
1	0	0	1
1	0	1	1
0	1	0	0
0	1	1	0
0	0	0	ϕ 　不定
0	0	1	ϕ

表中，Q^{n+1} 与 Q^n、R、S 之间一一对应的关系，直观地表示了 RS 触发器的逻辑功能。表 4-2 为简化的特性表。

表 4-2 简化的 RS 触发器特性表

$\bar{R}$	$\bar{S}$	Q^{n+1}
1	1	Q^n
1	0	1
0	1	0
0	0	不定

2）时序图（又称波形图） 时序图（sequential diagram）用输出状态随时间变化的波形图来描述触发器的逻辑功能。在图 4-1a 所示电路中，假设触发器的初始状态为 $Q=0$、$\bar{Q}=1$，触发信号 $\bar{S}$、$\bar{R}$ 的波形已知，则根据其逻辑关系可以画出 Q 和 $\bar{Q}$ 的波形，如图 4-2 所示。

基本 RS 触发器除了可用与非门组成外，也可以利用两个或非门来组成，其逻辑图和逻辑符号如图 4-3 所示。在这种基本 RS 触发器中，触发输入端 R、S 正常情况下处于低电平状态，当有触发信号输入时变为高电平。例如，当 $R=1$、$S=0$ 时，G_2 输出低电平，G_1 输入全为 0 而使输出 $\bar{Q}=1$，即触发器被置成 0 态。其特性表如表 4-3、时序图如图 4-4 所示。

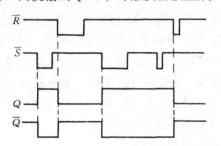

图 4-2 时序波形图

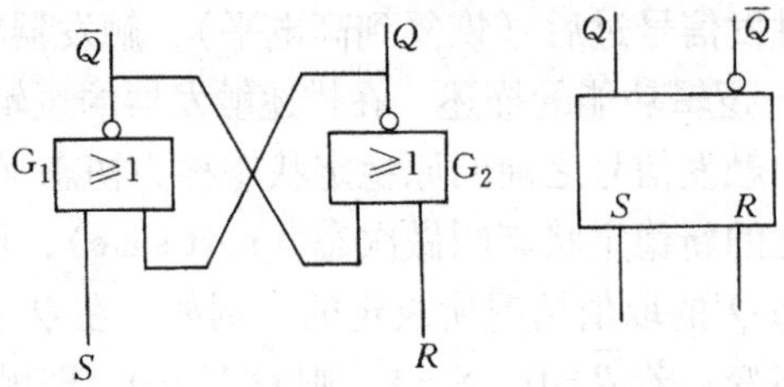

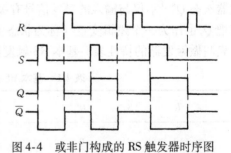

a）逻辑图　　　　b）逻辑符号

图 4-3 或非门组成的基本 RS 触发器

表 4-3 或非门构成的 RS 触发器特性表

R	S	Q^{n+1}
0	0	Q^n
0	1	1
1	0	0
1	1	不定

图 4-4 或非门构成的 RS 触发器时序图

二、集成 RS 触发器

集成 RS 触发器是将组成 RS 触发器的各个逻辑门制作在一块芯片上，为了扩展其应用功能，有时还增加了一些附加逻辑门，使其应用更加灵活方便。现以 CD4043 为例说明。

CD4043 为三态 RS 锁存器，在其内部集成了 4 个 RS 触发器单元，每个触发器的输出端均用 CMOS 传输门对输出状态进行控制，4 个传输门的工作状态由公用的使能（enable，简称 EN）端控制。

当 EN 为高电平时，传输门处于接通状态，触发器按基本 RS 触发器方式工作；当 EN 为低电平时，传输门均处于截止状态，所有触发器的输出处于高阻状态。

集成 RS 触发器的应用很广泛，图 4-5a 是利用 CD4043 构成的单脉冲发生电路，主要用于消除由于机械开关触点的抖动所造成的脉冲波形所出现的毛刺现象。其工作原理如下：

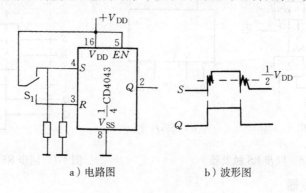

a）电路图   b）波形图

图 4-5 单脉冲发生器

当开关 S_1 打到 S 端时，输出端 Q 为高电平，此时，尽管机械触点在 S 端形成抖动信号，但只要机械触点不返回 R 端，输出端 Q 的高电平就保持不变；同理，当开关 S_1 打到 R 端时，输出端 Q 变为低电平，并锁定此状态。其波形如图 4-5b 所示。

第二节 同步触发器

基本 RS 触发器的触发信号直接控制着输出端的状态翻转，而实际应用时，常常要求触发器在某一指定时段按输入信号所决定的状态触发翻转，这个时段可由外加时钟脉冲（clock pulse，简称 CP）来决定。由时钟脉冲控制的触发器称为同步（synchronous）触发器（或称钟控触发器）。

一、同步 RS 触发器

同步 RS 触发器的逻辑图和逻辑符号如图 4-6 所示。图中 G_1 和 G_2 组成基本 RS 触发器，G_3 和 G_4 组成输入控制门电路。**CP 是时钟脉冲信号，高电平有效，即 CP 为高电平时，输出状态可以改变，CP 为低电平时，触发器保持原状态不变。** Q 和 $\overline{Q}$ 是互补输出端。

1. 功能分析

1）当 $CP = 0$ 时，$Q_3 = Q_4 = 1$，此时，触发器保持原状态不变。

2）当 $CP = 1$ 时，$Q_3 = \overline{S}$，$Q_4 = \overline{R}$，触发器将按基本 RS 触发器的规律发生变化。此时，同步 RS 触发器的状态转换特性表与表 4-3 相同。

2. 初始状态的预置   在实际应用中，有时需要在时钟脉冲 CP 到来之前，预先将触发器设置成某种状态，为此，在同步 RS 触发器电路中设置了直接置位（direct set）端 $\overline{S}_d$ 和直接复位（direct reset）端 $\overline{R}_d$（均为低电平有效）。如果在 $\overline{S}_d$ 或 $\overline{R}_d$ 端加低电平，可以直接作用于基本 RS 触发器，使其置 1 或置 0，其作用不受 CP 脉冲限制，故 $\overline{S}_d$ 和 $\overline{R}_d$ 也称为异步置位端和异步复位端。初始状态预置完毕后，$\overline{S}_d$ 和 $\overline{R}_d$ 应处于高电平，触发器才能进入正常的同步工作状态。其工作情况可用图 4-7 的时序波形图来描述。

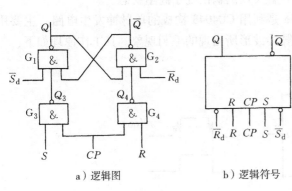

a) 逻辑图　　　　　b) 逻辑符号

图 4-6　同步 RS 触发器

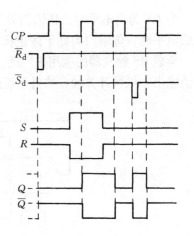

图 4-7　同步 RS 触发器时序波形图

二、同步 D 触发器

同步 D 触发器又称为 D 锁存器，其逻辑图和逻辑符号如图 4-8 所示。

与同步 RS 触发器相比，同步 D 触发器只有一个触发信号输入端 D 和一个时钟脉冲输入端 CP，也可以设置直接置位端和直接复位端。从图中可以看出，当 $CP = 0$ 时，触发器状态保持不变；当 $CP = 1$ 时，若 $D = 0$，则触发器被置 0，若 $D = 1$，则触发器被置 1。直接置位端和直接复位端的作用不受 CP 脉冲控制。同步 D 触发器的特性表和时序图不再给出，同学们可以自己分析。

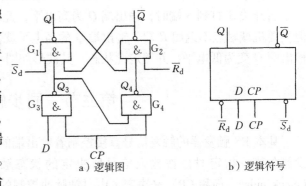

a) 逻辑图　　　　　b) 逻辑符号

图 4-8　同步 D 触发器

同步触发器可分为 CP 高电平有效和 CP 低电平有效两种类型。在同步触发器的逻辑符号中，CP 输入端没有小圈的是 CP 高电平有效的同步触发器，其状态在 $CP = 1$ 时才可能变化；CP 输入端有小圈的是 CP 低电平有效的同步触发器，其状态在 $CP = 0$ 时才可能变化。D 锁存器又称为透明锁存器。

第三节　边沿触发器

边沿触发器（edge flip – flop）状态的变化也由时钟脉冲 CP 控制，但只在某一时刻（CP 的上升沿或下降沿）变化，而在 CP 持续期间，触发器的状态保持不变。与同步触发器相比，其抗干扰能力和工作可靠性得到较大提高。

按触发器翻转所对应的 CP 时刻不同，可把边沿触发器分为 CP 上升沿（rise edge）触发方式和 CP 下降沿（fall edge）触发方式，也称 CP 正边沿触发或 CP 负边沿触发。按实现的逻辑功能不同，常用的边沿触发器有边沿 D 触发器和边沿 JK 触发器，下面分别予以介绍。

一、边沿 D 触发器

1. 逻辑符号　边沿 D 触发器的逻辑符号图如图 4-9 所示。

图中，$\overline{R}_d$ 为异步直接复位端，$\overline{S}_d$ 为异步直接置位端，D 为数据（信号）输入端；$\overline{R}_d$、$\overline{S}_d$ 端的小圆圈表示低电平有效；CP 输入端处的"∧"表示触发器为边沿型触发方式，无小圆圈表示触发器在 CP 上升沿触发（若有小圆圈则表示触发器在 CP 下降沿触发）。

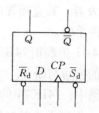

图 4-9 边沿 D 触发器的
逻辑符号

2. 工作特性 当 $CP = 0$ 或 $CP = 1$ 时，触发器的状态保持不变。当 CP 下降沿到来时，触发器的状态也保持不变。只有在 CP 上升沿到来的时刻，触发器的状态才会发生变化。若这一时刻 $D = 0$，触发器的状态将被置 0；若这一时刻 $D = 1$，触发器的状态将被置 1。

综上所述，此种触发器**只有在 CP 上升沿到来的时刻才按照输入信号的状态进行翻转**，除此之外，在 CP 的其他任何时刻，触发器的状态都将保持不变，故把这种类型的触发器称为正边沿触发器或上升沿触发器。

另外，除上述正边沿触发的 D 触发器之外，还有在时钟脉冲下降沿触发的负边沿 D 触发器，与正边沿 D 触发器相比较，只是触发器翻转所对应的时钟脉冲 CP 时刻不同，其所实现的逻辑功能相同，在此不再赘述。

3. 逻辑功能描述 根据以上分析，可以归纳出边沿 D 触发器在 CP 上升沿到来时的状态转换特性表如表 4-4 和表 4-5 所示。由特性表不难画出图 4-10 所示的时序图。

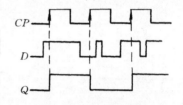

图 4-10 D 触发器时序图

表 4-4 D 触发器状态转换特性表

CP	D	Q^n	Q^{n+1}
↑	0	0	0
↑	0	1	0
↑	1	0	1
↑	1	1	1

表 4-5 D 触发器简化特性表

CP	D	Q^{n+1}
↑	0	0
↑	1	1

根据触发器的特性表，可以用函数式表示触发器输出状态和输入信号之间的关系，该表达式称为特性方程。D 触发器的特性方程为：

$$Q^{n+1} = D$$

因为触发器内部的晶体管状态转换时需要一定的开关时间，在传输信号的过程中，不可避免地产生延迟，所以，在触发器电路中，要保证触发器工作可靠，必须处理好时钟脉冲、输入信号之间的时间关系，对时钟脉冲的工作频率应有限制，不能超过其最高工作频率，具体使用时可参考制造厂家的产品手册。

4. 集成边沿 D 触发器及应用 74HC74 是一种集成正边沿双 D 触发器，内含两个上升沿 D 触发器，其直接置位端、直接复位端和时钟脉冲输入端各自独立。其引脚排列和功能表见器件手册。

图 4-11 为利用 74HC74 构成的单按钮电子转换开关电路，该电路只利用一个按钮即可实现电路的接通与断开。

电路中，74HC74 的 D 端和 $\overline{Q}$ 相连接，即 D 状态总是和 Q 的状态相反，这样每按一次按钮 S_1，相当于为触发器提供一个时钟脉冲上升沿，触发器状态翻转一次。例如，假设触发器原来处于 0 态，即 $Q=0$、$D=\overline{Q}=1$，按下 S_1 后，触发器状态将由 0 态翻转为 1 态，$Q=1$、$D=\overline{Q}=0$；当再次按下 S_1 时，触发器状态又由 1 态翻转到 0 态。Q 端经晶体管 VT 驱动继电器 KA，利用 KA 的触点转换即可通断其他电路。

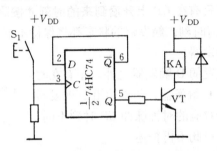

图 4-11 74HC74 应用电路

二、边沿 JK 触发器

1. 逻辑符号和逻辑功能 图 4-12 为边沿 JK 触发器的逻辑符号，其中图 4-12a 为 CP 上升沿触发，图 4-12b 为 CP 下降沿触发，除此之外，二者的逻辑功能完全相同。图中 J、K 为触发信号输入端，$\overline{R}_d$、$\overline{S}_d$ 为异步直接复位端和异步直接置位端，二者均为低电平有效，Q 和 $\overline{Q}$ 为互补的输出端。

下降沿触发型 JK 触发器的逻辑功能见表 4-6 和表 4-7，时序图见图 4-13。从表中可以看出，当直接复位端和直接置位端不起作用（都为高电平）时，JK 触发器有四种功能：当 CP 脉冲的触发沿到来时，若 J、K 同时为 0，则触发器的状态保持不变；若 $J=0$、$K=1$，则触发器被置 0；若 $J=1$、$K=0$，则触发器被置 1；若 $J=1$、$K=1$，则触发器的状态和原状态相反，即 $Q^{n+1}=\overline{Q^n}$，触发器的状态翻转。

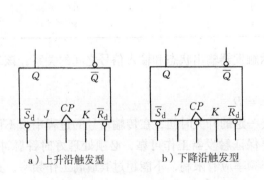

a）上升沿触发型　　b）下降沿触发型

图 4-12 边沿 JK 触发器

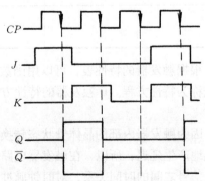

图 4-13 JK 触发器时序图

表4-6　JK 触发器功能表

CP	$\bar{S}_d$	$\bar{R}_d$	J	K	Q^n	Q^{n+1}	功能名称
×	0	1	×	×	×	1	直接置1
×	1	0	×	×	×	0	直接置0
↓	1	1	0	0	0	0	保持
↓	1	1	0	0	1	1	保持
↓	1	1	0	1	0	0	置0
↓	1	1	0	1	1	0	置0
↓	1	1	1	0	0	1	置1
↓	1	1	1	0	1	1	置1
↓	1	1	1	1	0	1	翻转
↓	1	1	1	1	1	0	翻转

表4-7　JK 触发器简化功能表

J	K	Q^{n+1}
0	0	Q^n
0	1	0
1	0	1
1	1	$\bar{Q}^n$

根据 JK 触发器的特性表，可得其特性方程：

$$Q^{n+1} = J\bar{Q}^n + \bar{K}Q^n$$

除边沿 JK 触发器外，还有一种主从结构的 JK 触发器。从触发方式来看，主从 JK 触发器与边沿 JK 触发方式类似，其状态也只能在触发沿到来的时刻变化，可以看作是准边沿触发器。但主从 JK 触发器存在着所谓的"一次变化现象"，要求在触发沿到来之前的脉冲持续期间，输入信号应保持不变，否则状态的变化情况和触发沿到来时刻输入信号的情况无关，而和脉冲持续期间的输入信号有关，因此，使用受到了一定的限制，在此不做详细介绍。如果触发沿到来之前的脉冲持续期间，输入信号保持不变，则主从 JK 触发器和边沿 JK 触发器的功能完全一样，可替换使用。

2. 边沿 JK 触发器的应用　JK 触发器的种类很多，应用范围也很广泛，下面以 74HC112 为例介绍其应用。

74HC112 内含两个下降沿 JK 触发器，触发器的直接置位端、直接复位端和时钟脉冲输入端各自独立，其引脚排列和功能表见器件手册。

图 4-14 是利用 74HC112 构成的单按钮电子转换开关，其工作原理与图 4-11 相同，请读者自行分析。

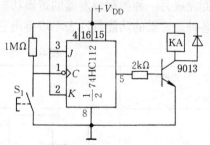

图 4-14　74HC112 构成的单按钮电子转换开关

第四节　触发器的逻辑转换

在数字电路中，常用的触发器除 JK 触发器、D 触发器之外，还有 T、T′触发器。

所谓 T 触发器是一种受控计数型触发器，当受控输入信号 $T = 1$ 时，时钟脉冲到来触发器就翻转；当 $T = 0$ 时，触发器处于保持状态。由上节介绍的 JK 触发器不难得出，若把 JK 触发器的 J、K 端相连作为受控输入端 T，就构成了 T 触发器，如图 4-15a 所示，其时序波形如图 4-15b 所示。

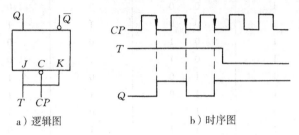

a）逻辑图　　　　　　　　　b）时序图

图 4-15　T 触发器

所谓 T′触发器则是只要时钟脉冲到来就翻转计数的触发器。在 T 触发器中，当 T 恒为 1 时就构成了 T′触发器，图 4-16 所示是 T′触发器的时序波形图。

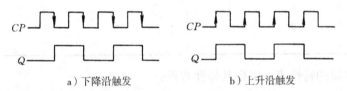

a）下降沿触发　　　　　　　b）上升沿触发

图 4-16　T′触发器的时序波形图

T 和 T′触发器常用来构成计数器，其内容将在下章中介绍。

由于 D 触发器使用起来方便，而 JK 触发器逻辑功能最为完善，所以目前市场上出售的集成触发器多为 D 和 JK 两种。另外，在实际工作中经常要利用手中仅有的单一品种触发器去完成其他触发器的逻辑功能，这就需要将不同类型的触发器之间的逻辑功能进行转换。所谓功能转换，就是将具有某种逻辑功能的触发器，在其触发信号输入端加入组合逻辑转换电路，从而完成另一种类型触发器的逻辑功能。

由各种触发器的功能特性表不难得出它们之间的逻辑转换电路，如表 4-8 所示。

表 4-8　各种触发器的逻辑转换

转换型 已知型	D	T	T′
JK			
D			

注：使用 CMOS 集成触发器时，不用的输入端不能悬空。

第五节 触发器应用电路实例

一、触摸转换开关

图 4-17 所示是利用双上升沿 D 触发器 CD4013 组成的触摸转换开关,该电路可用一个触摸开关完成"开"或"关"的功能,可用作自动控制设备中的电源开关或转换开关。

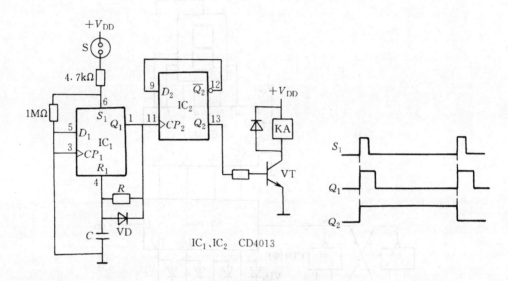

图 4-17 触摸转换开关

电路中的 IC_1 连成单稳态电路形式, IC_2 连成 T′触发器形式。

假设 IC_1、IC_2 的初始状态均为 0,当用手指触摸 S 时,V_{DD} 通过人体电阻在 S_1 端(高电平有效)产生置位的正脉冲,使 IC_1 发生翻转,Q_1 由 0 变为 1。Q_1 的上升沿使 IC_2 的状态也发生翻转,Q_2 由 0 变为 1。同时,Q_1 通过电阻 R 对 C 充电,当电容上的电压上升到 R_1 端的复位电平时,IC_1 又被复位到 0 态,Q_1 的下降沿不会使 IC_2 翻转,故 IC_2 的状态保持不变。这时,电容 C 经二极管 VD 及 Q_1 端迅速放电,使 IC_1 恢复到稳态。当第二次触摸 S 时,同理,IC_2 再次发生翻转,Q_2 由 1 变为 0。Q_2 状态的改变经晶体管 VT 驱动继电器 KA,使继电器吸合或释放,利用其触点的变换去控制被控电器。

二、8 路智力竞赛抢答器

图 4-18 所示电路是利用 10 线 – 4 线优先编码器 CD40147、四同步 D 触发器 CD4042、BCD 码 4 线 –7 线译码/驱动器 CD4511、四 2 输入或非门 CD4001 以及 LED 数码管等构成的 8 路智力竞赛抢答器。该电路能鉴别出 8 个输入信号中的第一个到来者,而对随后到来的其他输入信号不再传输和做出响应,至于哪一路输入信号最先到来,则可从 LED 数码管上看到。

电路工作时,CD4042 的极性控制端 *POL* 为高电平(此时,同步 D 触发器 *CP* 高电平有效),*CP* 端电平由 CD4001 所构成的 RS 触发器的输出端决定。当主持人按下按钮 SB_0 时,RS 触发器置 1,D 触发器 CD4042 处于接受状态。若此时某一选手先按下按钮,比如 SB_3 按下,编码器的输出为 0011,D 触发器的输出也为 0011,同时,编码器的输出 0011 通过四个

二极管 $VD_1 \sim VD_4$ 所组成的或门输出高电平，使 RS 触发器置 0，D 触发器的 CP 端为 0，D 触发器的状态被锁存为 0011，经 CD4511 译码后，LED 数码管显示数字 3。此时若其他选手按下按钮，由于 D 触发器处于锁存状态，不再接受信号，数码管所显示的数字不再变化。若要进行下一轮抢答，主持人按下按钮 SB_0 后，D 触发器的 CP 端重新为 1，D 触发器又处于接受状态，可以再次进行抢答。

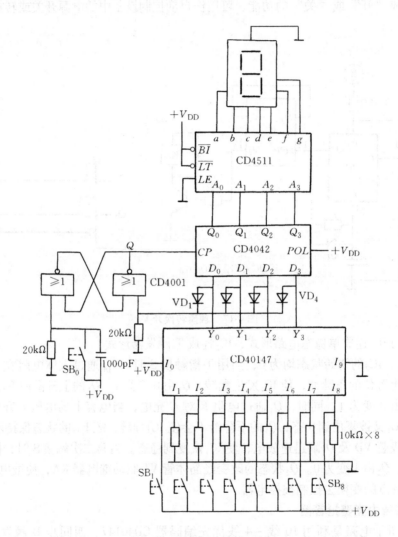

图 4-18　8 路智力竞赛抢答器

本 章 小 结

触发器有两种稳定状态，在外加信号作用下，可以从一种稳定状态转换到另一种稳定状态，当外加信号消失后，触发器仍维持其状态不变，因此，触发器具有记忆功能。

触发器的触发方式有直接触发方式、同步触发方式和边沿触发方式三种类型。

最简单的触发器是直接触发方式的基本 RS 触发器，它具有置 1、置 0 和维持功能。

同步触发器分为同步 RS 触发器和同步 D 触发器。同步触发器具有时钟脉冲输入端 CP，当时钟信号有效时（分为高电平有效和低电平有效两种类型），触发器才能被触发。时钟脉冲信号 CP 无效时，触发器状态不变。同步 D 触发器也称为 D 锁存器，具有置 1 和置 0 功能。

边沿触发器分为上升沿（正边沿）触发和下降沿（负边沿）触发两种工作方式。边沿触发器的状态只在时钟脉冲触发沿到来的时刻才能变化。边沿 JK 触发器的逻辑功能最完善，具有保持、置 1、置 0 和翻转等功能。边沿 D 触发器具有置 1 和置 0 功能。边沿触发器可以加有直接置位端和直接复位端。JK 触发器和 D 触发器可以相互转换。

T 触发器和 T' 触发器是计数型触发器，可用 JK 触发器或 D 触发器实现。

练 习 题

一、判断题

1. 由两个 TTL 或非门构成的基本 RS 触发器，当 $R = S = 0$ 时，触发器的状态为不定状态。　　　　　　　　　　　　　　　　　　　　　　　　　　　　（　　）

2. 同步触发器当 CP 有效时，状态才可以变化。　　　　　　　　（　　）

3. 边沿 JK 触发器在 CP 为高电平期间，当 $J = K = 1$ 时，状态会翻转一次。　（　　）

4. 没有同步触发方式的 JK 触发器，否则，当 $J = K = 1$，同时 CP 有效时，状态将不停翻转。　　　　　　　　　　　　　　　　　　　　　　　　　　　（　　）

二、单项选择题

1. 为实现将 JK 触发器转换为 D 触发器，应使（　　）。
   A. $J = D$，$K = \overline{D}$　　B. $K = D$，$J = \overline{D}$　　C. $J = K = D$　　D. $J = K = \overline{D}$

2. 对于 JK 触发器，若 $J = K$，则可完成（　　）触发器的逻辑功能。
   A. RS　　　　　B. D　　　　　C. T　　　　　D. T'

3. 欲使 D 触发器按 $Q^{n+1} = \overline{Q}^n$ 工作，应使输入 $D =$（　　）。
   A. 0　　　　　B. 1　　　　　C. Q^n　　　　　D. $\overline{Q}^n$

三、计算分析题

1. 设图 4-6 所示的同步 RS 触发器初始状态为 0，R、S 端的波形如图 4-19 所示。试画出其输出端 Q、$\overline{Q}$ 的波形。

2. 在图 4-9 所示的边沿 D 触发器中，已知 CP、D、$\overline{S}_d$、$\overline{R}_d$ 的波形如图 4-20 所示，试画出其 Q 端的波形。设触发器的初态为 0。

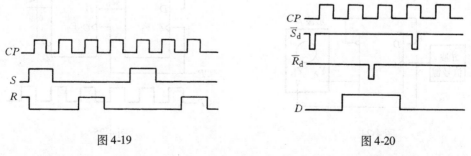

图 4-19　　　　　　　　　　　　　　　　　　图 4-20

3. 试画出图 4-21a 所示电路 D 端及 Q 端的波形，输入信号的波形如图 4-21b 所示。设 D 触发器的初始状态为 0。

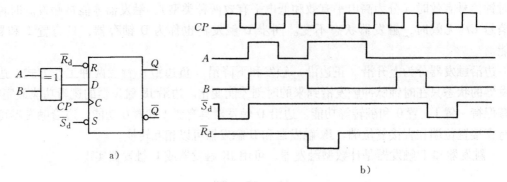

图 4-21

4. 图 4-22 所示电路是由 D 触发器和与门组成的移相电路，在时钟脉冲作用下，其输出端 A、B 输出两个频率相同、相位不同的脉冲信号。试画出 Q、$\overline{Q}$、A、B 端的时序图。

5. 电路如图 4-23a 所示，B 端输入的波形如图 4-23b 所示，试画出该电路输出端 G 的波形。设触发器的初态为 0。

6. 在图 4-24 所示的实验电路中，Y_A、Y_B 为双踪示波器的信号输入端，试画出示波器荧光屏上应显示的双踪波形。

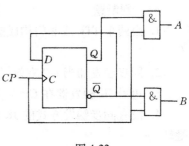

图 4-22

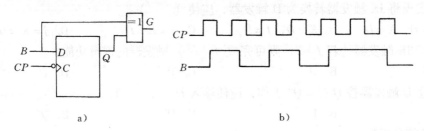

a)   b)

图 4-23

7. 电路如图 4-25 所示，设触发器初始状态均为零，试画出在 CP 作用下 Q_1 和 Q_2 的波形。

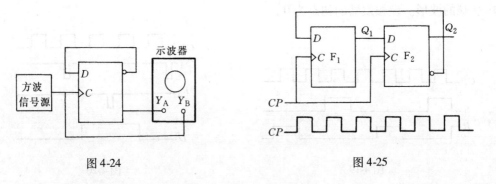

图 4-24   图 4-25

8. 已知下降沿触发型 JK 触发器的 CP、J、K 波形如图 4-26 所示，试分别画出其 Q 端的波形。设 $\overline{S}_d = \overline{R}_d = 1$，触发器的初始状态为零。

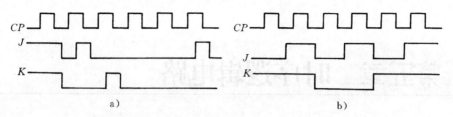

图 4-26

9. 由两个边沿 JK 触发器组成图 4-27a 所示的电路，若 CP、A 的波形如图 4-27b 所示，试画出 Q_1、Q_2 的波形。设触发器的初始状态均为零。

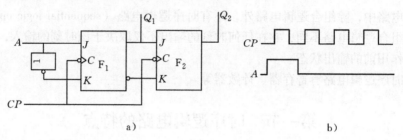

图 4-27

10. 图 4-28 所示电路为单脉冲发生器，即每按一下按钮 S，则在 Q_1 端得到一个标准脉冲。CP 为一连续脉冲，其频率为 f_0。

1）用时序图说明电路的工作原理；

2）求出输出端 Q_1 的脉冲宽度与 CP 脉冲的关系。

11. 图 4-29a 所示各触发器的 CP 波形如图 4-29b 所示，试画出各触发器输出端 Q 的波形。设各触发器的初态为 0。

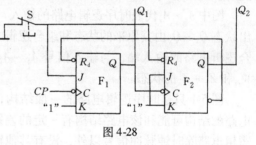

图 4-28

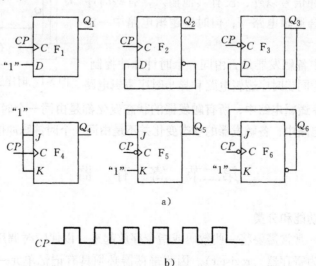

a)

图 4-29

第五章 时序逻辑电路

在数字电路中，除组合逻辑电路外，还有时序逻辑电路（sequential logic circuit）。时序逻辑电路与组合逻辑电路不同，它在任何时刻的输出不仅取决于该时刻的输入，而且还取决于输入信号作用前的输出状态。

常用的时序逻辑电路有寄存器、计数器等。

第一节 时序逻辑电路的特点

时序逻辑电路一般包含有组合逻辑电路和存储电路两部分，其中存储电路由具有记忆功能的触发器组成。其一般结构框图如图5-1所示。

图中 $A_1 \sim A_i$ 代表时序逻辑电路的输入，$Z_1 \sim Z_n$ 代表时序逻辑电路的输出，存储电路的输出状态 $Q_1 \sim Q_p$ 由其原来的状态和组合逻辑电路的输出 $W_1 \sim W_m$ 决定，其输出状态又反馈到组合逻辑电路的输入端，与输入信号 $A_1 \sim A_i$ 共同决定 $W_1 \sim W_m$ 和 $Z_1 \sim Z_n$ 的状态。

图5-1只是时序逻辑电路的一般结构，某些时序逻辑电路的结构可能和该电路结构有一定的差别，如有些时序逻辑电路除时钟脉冲信号以外，没有其他输入，有些时序逻辑电路中没有组合逻辑电路等，但时序逻辑电路中一定包含触发器。

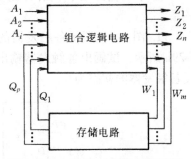

图5-1 时序逻辑电路的结构框图

按照存储电路中各触发器是否由同一个时钟脉冲控制，时序逻辑电路可分为同步时序逻辑电路和异步时序逻辑电路两大类。**在同步时序逻辑电路中，所有触发器的状态变化都是由同一个时钟脉冲信号控制的，而在异步时序逻辑电路中，各触发器的状态变化并不是由同一个时钟脉冲信号控制的。**

第二节 寄 存 器

一、寄存器的功能和分类

在数字系统中，常常需要将一些数码或指令存放起来，以便随时调用，这种存放数码和指令的逻辑部件称为寄存器（register）。因此寄存器必须具有记忆单元——触发器，因为触发器具有0和1两个稳定状态，所以一个触发器只能存放1位二进制数码，存放 N 位数码就应具备 N 个触发器。

寄存器可分为两大类：数码寄存器和移位寄存器。

二、数码寄存器

数码寄存器只具有接收数码和清除原有数码的功能，在数字系统中，常用于暂时存放某些数据。

（一）工作原理

图 5-2 是一个由 D 触发器构成的 4 位数码寄存器，4 个触发器的数据输入端 $D_3 \sim D_0$ 作为寄存器的数码输入端，时钟脉冲输入端接在一起作为送数脉冲（CP）控制端。这样，在 CP 上升沿的作用下，将 4 位数码寄存到 4 个触发器中。

在上述数码寄存器中要特别注意，由于触发器为边沿触发，故在送数脉冲 CP 的触发沿到来之前，输入的数码一定要预先准备好，以保证触发器的正常寄存。

（二）集成数码寄存器

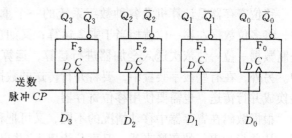

图 5-2　数码寄存器

将构成寄存器的各个触发器以及有关控制逻辑门集成在一个芯片上，就可以得到集成数码寄存器。集成数码寄存器种类较多，常见的有四 D 触发器（如 74HC175）、六 D 触发器（如 74HC174）、八 D 触发器（如 74HC374、74HC377）等。由锁存器（同步 D 触发器）组成的寄存器，常见的有三态输出八 D 型锁存器（如 74HC373）。锁存器与触发器的区别是：锁存器为同步工作方式的触发器，其时钟脉冲（送数脉冲）为使能信号（电平信号），当使能信号有效时（分低电平有效和高电平有效两类），输出跟随输入数码的变化而变化（相当于输入直接接到输出端）；当使能信号结束（无效）时，输出保持使能信号跳变时的状态不变，因此这一类寄存器有时也称为"透明"寄存器。

下面以三态输出八 D 锁存器 74HC373 为例说明寄存器的应用。

图 5-3 所示为 74HC373 用于单片机数据总线中的多路数据选通电路。74HC373 具有使能端（LE）和输出允许控制端（$\overline{EN}$），当输出允许控制端 $\overline{EN}$ 为高电平时，74HC373 输出呈高阻状态；当输出允许控制端 $\overline{EN}$ 为低电平且使能端 LE 为高电平时，输入数据便能传输到数据总线上；当输出允许控制端 $\overline{EN}$ 为低电平且使能端 LE 为低电平时，74HC373 锁存在这之前已建立的状态。

电路中，8 位数据总线（$D_7 \sim D_0$）上可以挂接多个 74HC373，它们的 LE 端并接在一起，而 $\overline{EN_1}$、$\overline{EN_2}\cdots\overline{EN_8}$ 接到了 3－8 译码器上。给 LE 端一个正的窄脉冲，各组的数据被分别写入各自的寄

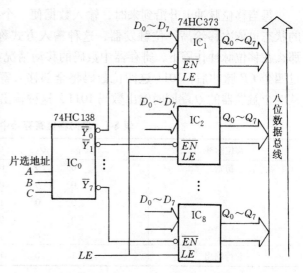

图 5-3　74HC373 用于多路数据选通

存器中。当计算机轮流给各寄存器的 $\overline{EN}$ 端一个负脉冲时，各寄存器的数据就按顺序传送到 8 位数据总线上，由 CPU 读取。这样只要使用八根数据总线就可以传输多路数据，大大简化了电路，因此在单片机系统中得到广泛的应用。

三、移位寄存器

移位寄存器（shift register）除具有存储数码功能外，还具有使存储的数码移位的功能。所谓移位功能，就是寄存器中所存的数据，可以在移位脉冲作用下逐次左移（shift – left）或右移（shift – right）。

移位寄存器是计算机及各种数字系统的一个重要部件，应用范围广泛。例如在单片机中，将多位数据左移一位就相当于乘 2 运算；又如在串行运算器中，需要用移位寄存器把二进制数据一位一位依次送入全加器进行运算，运算的结果又一位一位依次存入移位寄存器中。另外，在有些数字装置中，要将并行传送的数据转换成串行传送，或将串行传送的数据转换成并行传送，也需要使用移位寄存器。

根据数码在寄存器中移动情况的不同，又可把移位寄存器划分为单向移位型和双向移位型。从并行和串行的变换来看，又可分为串入/并出和并入/串出移位寄存器两大类。

（一）单向移位寄存器

图 5-4 是用 D 触发器组成的单向移位寄存器。其中每个触发器的输出端 Q 依次接到高一位触发器的 D 端，只有第一个触发器 F_0 的 D 端接收数据。所有触发器的复位端 $\overline{R}$ 并联在一起作为清零端，时钟端并联在一起作为移位脉冲输入端 CP，所以它是同步时序电路。

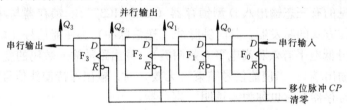

图 5-4　单向移位寄存器

每当移位脉冲上升沿到来时，输入数据便一个接一个地依次移入 F_0，同时每个触发器的状态也依次移给高一位触发器，这种输入方式称为串行输入。假设输入的数码为 1011，那么在移位脉冲作用下，寄存器中数码的移动情况如表 5-1 或图 5-5 所示。可以看到，当经过四个 CP 脉冲后，1011 这四位数码将全部移入寄存器中，$Q_3Q_2Q_1Q_0 = 1011$。这时，可以从四个触发器的 Q 端同时输出数码 1011，这种输出方式称为并行输出。

表 5-1　单向移位寄存器中数码移动情况

移位脉冲	Q_3	Q_2	Q_1	Q_0	输入数据
初始	0	0	0	0	
1	0	0	0	1	←————— 1
2	0	0	1	0	←————— 0
3	0	1	0	1	←————— 1
4	1	0	1	1	←————— 1
并行输出	1	0	1	1	

若需要将寄存的数据从 Q_3 端依次输出（即串行输出），则只需再输入几个移位脉冲即

可，如图 5-5 所示。因此，可以把图 5-4 所示电路称为串行输入、并行输出、串行输出单向移位寄存器，简称串入/并出（串出）移位寄存器。

移位寄存器的输入也可以采用并行输入方式。图 5-6 为一个串行或并行输入、串行输出的移位寄存器电路。在并行输入时，采用了两步接收方式：第一步先用清零负脉冲把所有触发器清零；第二步利用送数正脉冲，通过与非门，利用触发器的

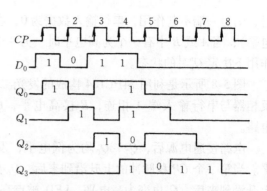

图 5-5　单向移位寄存器数码移动过程时序图

直接置位端输入数据，然后，再在移位脉冲作用下进行数码移位。设输入数据 $D_3D_2D_1D_0$ 为 1101，其工作过程如图 5-7 所示。

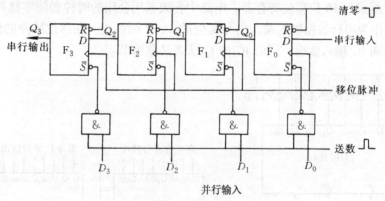

图 5-6　串并输入/串行输出移位寄存器

在上述各单向移位寄存器中，高位寄存器在左边，数码的移动情况是自右向左，完成自低位至高位的移位功能，所以又称为左向移位寄存器。若将各触发器连接的顺序调换一下，让左边触发器的输出作为右邻触发器的数据输入，则可构成右向移位寄存器。

（二）双向移位寄存器

若在单向移位寄存器中再添加一些控制门，在控制信号作用下，则可构成既能左移又能右移的双向移位寄存器（bidirectional shift register），集成寄存器 74HC194 是四位多功能双向移位寄存器。

（三）集成移位寄存器的应用

集成移位寄存器的种类较多，应用广泛，下面介绍两种：

1. 74HC164　74HC164 为串行输入/并行输出 8 位移位寄存器。它有两个串行数据输入端 A 和 B，串行输入数据等于二者（A 和 B）的与逻辑。当 A 或 B 任何一个为 0（低电平）

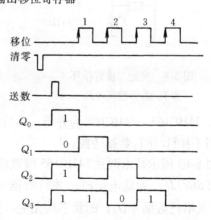

图 5-7　并行输入/串行输出时序图

时，则另一端不起作用，串行输入数据为 0，在时钟脉冲 CP 上升沿的作用下 Q_0^{n+1} 为 0（低电平）；当 A 或 B 中有一个为高电平时，另一个输入端为串行输入数据，并在 CP 上升沿的作用下决定 Q_0^{n+1} 的状态。

图 5-8 所示是利用 74HC164 构成的发光二极管循环点亮/熄灭控制电路。电路中，Q_7 经反相器与串行输入端 A 相连，B 接高电平，CP 脉冲的频率为 1Hz，R、C 构成上电复位电路。

电路接通电源后，$Q_7 \sim Q_0$ 均为低电平，发光二极管 $LED_1 \sim LED_8$ 不亮，这时 A 为高电平。当第一个 CP 秒脉冲的上升沿到来后，Q_0 变为高电平，LED_1 被点亮，第二个 CP 秒脉冲上升沿到来后，Q_1 也变为高电平，LED_2 被点亮，这样依次进行下去，经过 8 个 CP 秒脉冲上升沿后，$Q_0 \sim Q_7$ 均变为高电平，$LED_1 \sim LED_8$ 均被点亮，这时 A 为低电平。同理，再来 8 个 CP 秒脉冲后，$Q_0 \sim Q_7$ 又依次变为低电平，$LED_1 \sim LED_8$ 又依次熄灭。

当需要位数更多的移位寄存器时，可利用多片 74HC164 进行级联。图 5-9 是利用两片 74HC164 级联组成的 16 位移位寄存器。电路中各级采用公用的时钟和清零脉冲，低位的 A、B 并联在一起作为串行数据输入端，Q_7 与高位的 A、B 端相连。在移位脉冲的作用下，从串行数据输入端向 IC_1 输入数据，同时 IC_1 的 Q_7 状态又移给 IC_2。

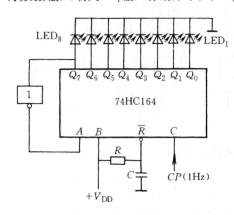

图 5-8 发光二极管循环
点亮/熄灭控制电路

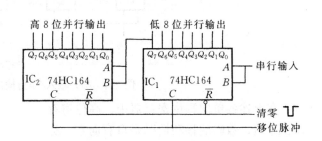

图 5-9 74HC164 的级联

2. 74HC165 74HC165 为并行、串行输入/互补串行输出 8 位移位寄存器。在数字系统中常用于并行/串行数据转换。

图 5-10 所示是由两片 74HC165 级联成的 16 位并行/串行数据转换电路。当移位/置数控制端（$SH/\overline{LD}$）为低电平时，并行数据（$D_0 \sim D_7$）被直接置入寄存器，而与时钟（CP_0、CP_1）及串行数据（D_S）的状态均无关；当 $SH/\overline{LD}$ 为高电平时，并行置数功能被禁止。CP_0 和 CP_1 在功能上是等价的，当 CP_0、CP_1 中有一个为高电平时，另一个时钟被禁止；当 CP_0、CP_1 中有一个为低电平并且 $SH/\overline{LD}$ 为高电平时，另一个作为时钟信号可以将 $D_7 \sim D_0$ 的数据逐位从 Q_7 端输出。

电路图中，由上拉电阻和 $S_0 \sim S_{15}$ 开关组成十六位输入数据设置电路，当开关接通时，对应的数据输入端为 0，开关断开时则为 1。在移位/置数控制端为低电平时，执行并行输入操作，此时低位寄存器的状态 $Q_7 \sim Q_0 = 11000101$，高位寄存器的状态 $Q_7 \sim Q_0 = 00001111$；

在移位/置数控制端为高电平时，由于低位的寄存器串行输入端 D_S 为低电平，高位的寄存器串行输入端接在低位寄存器的 Q_7 输出端，第一个移位脉冲作用后，低位寄存器的状态 $Q_7 \sim Q_0 = 10001010$，高位寄存器的状态 $Q_7 \sim Q_0 = 00011111$。这样，当不断输入移位脉冲时，就能将并行数据转换为串行数据从高位寄存器的 Q_7 端输出。

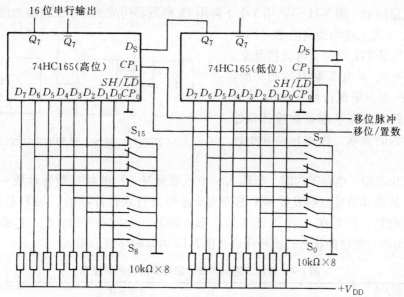

图5-10 16位并行/串行数据转换电路

使用并行/串行数据转换方式输出信号的优点是可以节省传输线，此优点在长距离传输信号时尤为突出。

第三节 计 数 器

一、计数器的功能和分类

计数器（counter）是应用最为广泛的时序逻辑电路，它不仅可用来对脉冲计数，而且还常用于数字系统的定时、延时、分频及构成节拍脉冲发生器等。

计数器的种类很多，按计数长度可分为二进制、十进制及 N 进制计数器。按计数脉冲的引入方式可分为异步型和同步型计数器。按计数的增减趋势可分为加法、减法及可逆计数器。

无论哪种类型的计数器，都和其他时序逻辑电路一样，是由触发器（这里统称为存储单元或计数单元）组成的，有时还增加一些组合逻辑门电路。

二、异步计数器

所谓异步计数器（asynchronous counter）是指计数脉冲没有加到所有触发器的 CP 端，只作用于某些触发器的 CP 端。当计数器脉冲到来时，各触发器的翻转时刻不同，所以，在分析异步计数器时，要特别注意各触发器翻转所对应的有效时钟条件。

（一）异步二进制计数器

异步二进制计数器（asynchronous binary counter）是计数器中最基本、最简单的电路，它一般由接成 T' 型（计数型）的触发器连接而成，计数脉冲加到最低位触发器的 CP 端，其他各级触发器由相邻低位触发器的输出来触发。

异步二进制计数器又可分为异步二进制加法计数器、异步二进制减法计数器和异步二进制可逆计数器（up – down counter）。

1. 异步二进制加法计数器

（1）电路组成 图 5-11 是利用 3 个下降沿 JK 触发器构成的异步二进制加法计数器。JK触发器的 J、K 输入端均接高电平（图中未画出，如果是 TTL 电路，可直接悬空，相当于高电平），具有 T′ 触发器的功能。计数脉冲 CP 加至最低位触发器 F_0 的时钟端，低位触发器的 Q 端依次接到相邻高位触发器的时钟端，因此它是异步计数器。

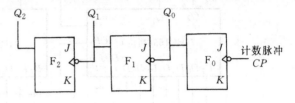

图 5-11 异步二进制加法计数器

（2）工作原理 电路工作时，每输入一个计数脉冲，F_0 的状态翻转计数一次，而高位触发器是在其相邻的低位触发器从 1 态变为 0 态时进行翻转计数的，如 F_1 是在 Q_0 由 1 态变为 0 态时翻转，F_2 是在 Q_1 由 1 态变为 0 态时翻转，除此条件外，F_1、F_2 都保持原来状态。表 5-2 为该计数器的状态转换特性表，图 5-12 为其时序波形图。

表 5-2 异步二进制加法计数器状态转换特性表

计数脉冲 CP 序号	计数器状态		
	Q_2	Q_1	Q_0
0	0	0	0
1	0	0	1
2	0	1	0
3	0	1	1
4	1	0	0
5	1	0	1
6	1	1	0
7	1	1	1
8	0	0	0

计数器的状态转换规律也可以采用图 5-13 所示的状态转换图来表示，所谓的状态转换图是以图形的方式来描述各触发器的状态转换关系的。图中，各圆圈内的数字表示触发器 $Q_2Q_1Q_0$ 的状态；箭头表示在计数脉冲 CP 到来时各触发器的状态转换方向。

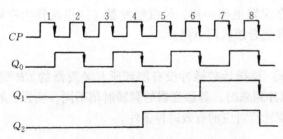

图 5-12 异步二进制加法计数器时序图

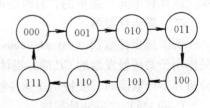

图 5-13 异步二进制加法
计数器状态转换图

若把计数器的状态看成是一个二进制数，图 5-11 所示电路每来一个计数脉冲，计数器的状态加 1，所以它是一个异步 3 位二进制加法计数器。

另外，通过图 5-12 所示的时序波形还可看出：Q_0 的频率只有 CP 的 $1/2$，Q_1 的频率只有 CP 的 $1/4$（$1/2^2$），Q_2 的频率为 CP 的 $1/8$（$1/2^3$），即计数脉冲每经过一级触发器，输出脉冲的频率就减小 $1/2$，因此，计数器还具有分频功能。由 n 个触发器构成的二进制计数器，其末级触发器输出脉冲的频率为 CP 的 $1/2^n$，即实现对 CP 的 2^n 分频。

上述的异步 3 位二进制加法计数器也可采用上升沿 D 触发器来构成，电路如图 5-14a 所示。图中各 D 触发器接成 T' 型，高位触发器的时钟端接相邻低位触发器的 $\overline{Q}$，其时序图如图 5-14b 所示。其工作情况读者可自行分析。

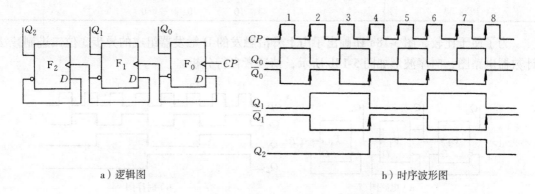

a）逻辑图   b）时序波形图

图 5-14 上升沿触发的异步 3 位二进制加法计数器

2. 异步二进制减法计数器 图 5-15 所示电路为下降沿触发的异步 3 位二进制减法计数器。图中，JK 触发器联成 T' 型（J、K 均接高电平，图中未画出，如果是 TTL 电路，可悬空，相当于高电平），计数脉冲加至最低位触发器的时钟端，低位触发器的 $\overline{Q}$ 端依次接到相邻高位触发器的时钟端。不难分析，当不断送入计数脉冲 CP 时，电路的状态转

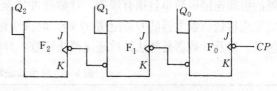

图 5-15 异步二进制减法计数器

换情况如表 5-3，图 5-16 为状态转换图，图 5-17 为时序图。由特性表和状态转换图及时序图可看出，减法计数器的计数特点是：每输入一个 CP，$Q_2Q_1Q_0$ 的计数状态就减 1，当输入 8 个计数脉冲 CP 后，$Q_2Q_1Q_0$ 减小到 000。

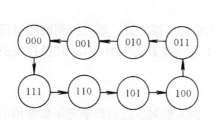

图 5-16 异步二进制减法计数器状态转换图

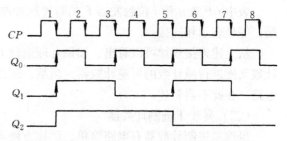

图 5-17 异步二进制减法计数器时序图

表 5-3　异步二进制减法计数器状态转换特性表

计数脉冲 CP 序号	计数器状态		
	Q_2	Q_1	Q_0
0	0	0	0
1	1	1	1
2	1	1	0
3	1	0	1
4	1	0	0
5	0	1	1
6	0	1	0
7	0	0	1
8	0	0	0

为了便于比较，图 5-18a 还画出了由上升沿触发的 D 触发器组成的异步 3 位二进制减法计数器电路图，时序波形如图 5-18b 所示，请读者自行分析。

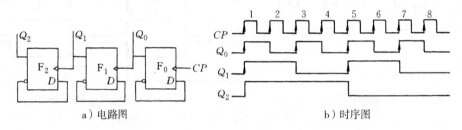

a）电路图　　　　　　　　　　　　　b）时序图

图 5-18　上升沿触发的异步二进制减法计数器

3. 异步二进制计数器的级间连接规律及异步可逆计数器　从前述可见，异步二进制计数器的级间连接很简单且很有规律，计数脉冲加至最低位触发器的 CP 端，高位触发器的 CP 端究竟应接低位触发器的 Q 端还是 $\bar{Q}$ 端，取决于组成计数器的触发器是下降沿触发还是上升沿触发，以及计数器是加法计数还是减法计数。异步二进制级间连接规律如表 5-4 所示。

表 5-4　异步二进制级间连接规律

连 接 规 律	T'型触发器的触发沿	
	上 升 沿	下 降 沿
加 计 数	$CP_i = \bar{Q}_{i-1}$	$CP_i = Q_{i-1}$
减 计 数	$CP_i = Q_{i-1}$	$CP_i = \bar{Q}_{i-1}$

表中 CP_i 表示第 i 位触发器 F_i 的时钟脉冲端；Q_{i-1}、$\bar{Q}_{i-1}$ 是第 $i-1$ 位触发器 F_{i-1} 的输出端；等号表示相连接。

从上述连接规律可以看出，如果合理选择 CP 输入端的连接方式，则可得到既能进行加计数又能进行减计数的可逆计数器，当然，这需要在上述连接方式中加入 CP 转换控制逻辑电路，在此不再赘述。

（二）异步十进制计数器

虽然二进制计数器有电路简单、运算方便等优点，但人们对二进制数毕竟不如常用的十进制数那样熟悉，也没有十进制数使用方便，特别是当二进制数的位数较多时，要很快地读出来就比较困难。因此，在数字系统中还经常用到十进制计数器（decimal counter）。

我们知道一位十进制数有 0~9 十个数码，即一位十进制计数器有十个不同的状态，由于一个触发器可以表示两种状态，故组成一位十进制计数器需要 4 个触发器。4 个触发器共有 $2^4 = 16$ 种不同的状态，若设法扣除其中的 6 种多余状态（称为无效状态），保留下来的十个状态（称为有效状态）分别表示 0~9 这十个数码，就可以得到一位十进制计数器。被保留的十个状态与十进制数码一一对应的编码方法有多种，常见的 BCD 码有 8421 码、2421 码、5421 码等。本节只讨论 8421 码形式。

异步十进制计数器通常是在二进制计数器基础上，通过一定的方法消除多余状态（无效状态）后实现的，且具有自启动性能。所谓**自启动是指若计数器由于某种原因进入无效状态，则在连续时钟脉冲作用下，能自动的从无效状态回到有效状态。**

图 5-19 是由 4 个 JK 触发器构成的 8421 码异步十进制加法计数器，且该电路具有自启动和向高位计数器进位的功能。下面分析其计数原理。

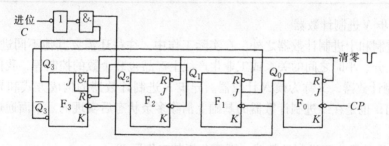

图 5-19　异步十进制加法计数器

由图可知，$F_0 \sim F_2$ 中除 F_1 的 J 端与 F_3 的 $\overline{Q_3}$ 端连接外，其他输入端均接高电平（图中未画出，如为 TTL 电路，可悬空，相当于高电平）。由此可知，在 F_3 触发器翻转前，即从 0000 起到 0111 为止，$\overline{Q_3} = 1$，$F_0 \sim F_2$ 的翻转情况与 3 位二进制加法计数器相同，在此不再重述。

当经过七个计数脉冲后，$F_3 \sim F_0$ 的状态为 0111 时，$Q_2 = Q_1 = 1$，使 F_3 的两个 J 输入端（$J = Q_1 Q_2$）均为 1，为 F_3 由 0 态变为 1 态准备了条件。

等到第八个计数脉冲输入后，$F_0 \sim F_2$ 均由 1 态变为 0 态，F_3 由 0 态变为 1 态，即四个触发器的状态变为 1000。此时 $Q_3 = 1$，$\overline{Q_3} = 0$，因 $\overline{Q_3}$ 与 F_1 的 J 端相连，起阻塞作用，使下一次由 F_0 来的负脉冲（Q_0 由 1 变为 0 时）不能使 F_1 翻转为 1。

第九个计数脉冲到来后，计数器的状态为 1001，同时进位端 C 由 0 变为 1。

当第十个计数脉冲到来后，Q_0 产生负跳变（由 1 变为 0），由于 $\overline{Q_3} = 0$ 的阻塞作用，F_1 不翻转，但 Q_0 能直接触发 F_3，使 Q_3 由 1 变 0，从而使 4 个触发器跳过 1010~1111 六个状态而复位到原始状态 0000，同时进位端由 1 变为 0，产生一个负跳变，向高位计数器发出进位信号。这样便实现了十进制加法计数功能。其状态转换表见表 5-5，时序波形如图 5-20 所示。

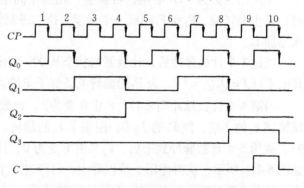

图 5-20　异步十进制加法计数器时序图

表5-5　十进制计数器状态转换表

计数脉冲 CP 序号	计数器状态				进位 C	对应 十进制数
	Q_3	Q_2	Q_1	Q_0		
0	0	0	0	0	0	0
1	0	0	0	1	0	1
2	0	0	1	0	0	2
3	0	0	1	1	0	3
4	0	1	0	0	0	4
5	0	1	0	1	0	5
6	0	1	1	0	0	6
7	0	1	1	1	0	7
8	1	0	0	0	0	8
9	1	0	0	1	1	9

（三）异步 N 进制计数器

除了二进制和十进制计数器之外，在实际工作中，往往还需要其他不同进制的计数器，例如时钟秒、分、小时之间的关系或工业生产线上产品包装个数的控制等，我们把这些计数器称为 N 进制计数器，又称为模 N 计数器。异步 N 进制计数器的构成方式和异步十进制计数器基本相同，也是在二进制计数器的基础上消除多余状态后实现的。下面通过一个例子来说明。

图5-21a 为一异步五进制计数器，下面分析其工作原理。

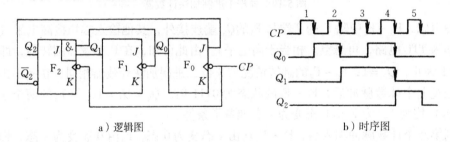

a）逻辑图　　　　　　　　　　　b）时序图

图5-21　异步五进制计数器

由图可知，在触发器 F_0 和 F_1 中，除 F_0 的 J 端接 F_2 的 $\overline{Q_2}$ 外，其余 J、K 输入端均接高电平（未画出，如为 TTL 电路，可悬空，相当于高电平）。由此可知，当触发器 F_2（为 0 态时）发生翻转前，F_0 和 F_1 构成一个异步 2 位二进制计数器，每来一个计数脉冲 CP，计数器状态加 1。

经过 3 个计数脉冲后，计数器的状态从 000 变化到 011 时，触发器 F_2 的两个输入端均为高电平（$J = Q_0 Q_1 = 1$），为 F_2 的翻转准备好了条件。

当第 4 个计数脉冲到来后，F_2 由 0 变为 1，计数器状态为 100。同时 F_2 的 $\overline{Q_2}$ 端的低电平反馈到 F_0 的 J 端，使 F_0 的 $J = 0$，阻塞了 F_0 的翻转。此时 F_2 的 J 端也为低电平（$J = Q_0 Q_1 = 0$），故第 5 个计数脉冲到来后，F_2 又由 1 变为 0，计数器又回到原始状态 000。其时序波形如图 5-21b 所示，从时序图上可以看出，每经过 5 个时钟脉冲后，计数器的状态循环变化一次，故此电路具有对时钟信号进行计数的功能，计数容量为 5。因此该电路是**五进制计数器，又称为模 5 计数器**。

根据前面的分析，可以看出异步计数器具有以下特点：

1）电路结构简单，这是异步计数器的优点。

2）由于组成计数器的各触发器翻转时刻不同，工作速度低，同时有过渡状态出现，若将计数器的状态译码输出，容易产生过渡干扰脉冲，出现差错，这是异步计数器的缺点。

三、同步计数器

所谓同步计数器（synchronous counter），就是将输入计数脉冲同时加到各触发器的时钟脉冲输入端，使各触发器在计数脉冲到来时同时翻转。

（一）同步二进制加法计数器

同步二进制计数器一般由 T 型触发器构成。图 5-22a 给出的是一个由 3 个 JK 触发器构成的同步 3 位二进制加法计数器，CP 是输入的计数脉冲。下面分析其工作原理：

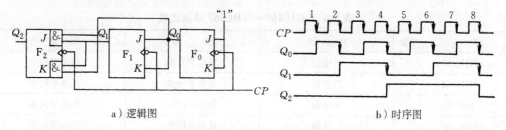

a）逻辑图　　　　　　　　b）时序图

图5-22　同步 3 位二进制计数器

由图可以看出：对于最低位的 F_0 触发器，每输入一个计数脉冲，其输出状态翻转一次；对于 F_1 触发器，只有当 F_0 为 1 态时，在下一个计数脉冲下降沿到来时才进行状态的翻转；对于触发器 F_2，只有在 F_0、F_1 全为 1 态时，在下一个计数脉冲下降沿到来才进行状态翻转。由上述分析不难画出其时序图 5-22b，其状态转换特性表与表 5-2 相同。

综上所述，可得到同步二进制加法计数器中各触发器的翻转条件：

1）最低位触发器每输入一个计数脉冲翻转一次。

2）其他各触发器都是在其所有低位触发器的输出端 Q 全为 1 时，在下一个时钟脉冲触发沿到来时状态改变。

（二）同步十进制计数器

和异步十进制计数器的构成一样，若在同步二进制计数器的基础上，通过阻塞反馈法扣除多余状态（无效状态）后，也可构成同步十进制计数器。

图 5-23 是由 4 个 JK 触发器构成的 8421 码同步十进制加法计数器。其时序图和状态转换特性表与异步十进制计数器的相同，在此不再画出。其工作原理读者可自行分析。

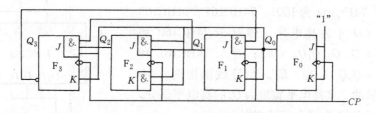

图5-23　同步十进制加法计数器

由于异步计数器的进位（或借位）信号是逐级传递的，信号要被触发器延时，因而使

其计数速度受到限制，工作频率不能太高；而同步计数器计数脉冲是同时触发计数器中的全部触发器，各触发器的翻转与 *CP* 同步，所以工作速度较快，工作频率较高。

四、通用集成计数器

目前所使用的计数器通常是集成计数器。为了扩展集成计数器的功能，一般的集成计数器通常设有一些附加功能，称为通用集成计数器，这样，就可以用一种通用集成计数器组成各种进制的计数器。下面具体介绍几种集成计数器。

（一）74HC160～74HC163

74HC160～74HC163 是一组可预置的同步计数器，在计数脉冲上升沿作用下进行加法计数，其中，74HC160 和 74HC162 为 8421BCD 码十进制计数器。它们的功能比较见表 5-6。除具有基本计数功能外，它们还具有一些特殊功能：

表 5-6　74HC160～74HC163 功能比较

型号 \ 功能	进 制	清 零	预 置 数
74HC160	十进制	低电平异步	低电平同步
74HC161	二进制	低电平异步	低电平同步
74HC162	十进制	低电平同步	低电平同步
74HC163	二进制	低电平同步	低电平同步

1. 并行预置数　在实际工作中，有时在开始计数前，需要预先给计数器设置一个数值，然后在计数脉冲 *CP* 的作用下，从该数值开始作加法或减法计数，这个过程称为预置数。4 种型号的计数器均有 4 个并行预置数输入端（$D_0 \sim D_3$）。当清零端（$\overline{R}$）为高电平不起作用时，预置数控制端（$\overline{LD}$）为低电平时，在计数脉冲 *CP* 上升沿作用下，可以将并行预置数输入端（$D_0 \sim D_3$）的数据送入计数器，这种预置数方式称为同步预置数功能。当 $\overline{LD}$ 为高电平时，则禁止预置数。

2. 清零　当 74HC160、74HC161 的清零端（$\overline{R}$）为低电平时，不管时钟脉冲状态如何，即可完成清零功能，这种清零方式称为异步清零（也称为直接清零）；当 74HC162、74HC163 的清零端（$\overline{R}$）为低电平时，在时钟脉冲上升沿作用下，才能完成清零功能，这种清零方式称为同步清零。

3. 计数控制　当计数控制端 *ET* 和 *EP* 均为高电平时，在 *CP* 上升沿作用下 $Q_0 \sim Q_3$ 同步变化，完成加法计数功能；当 *ET* 或 *EP* 有一个为低电平时，则禁止计数。

4. 进位　4 种型号的计数器均有一个进位输出端（*CO*），该输出端在其他情况下为低电平，只有当计数器的 *ET* = 1，并且计数器计数到最大值（74HC160、74HC162 为 1001，74HC161、74HC163 为 1111）时，*CO* 才为高电平，即对于 74HC160 和 74HC162，$CO = Q_3 \overline{Q_2} \overline{Q_1} Q_0 \cdot ET$；对于 74HC161 和 74HC163，$CO = Q_3 Q_2 Q_1 Q_0 \cdot ET$。当计数溢出时，*CO* 输出一个进位脉冲，其高电平宽度为 Q_0 的高电平部分。

下面以 74HC163 为例介绍其应用。

图 5-24 是利用 74HC163 和一个与非门组成的六进制计数器。电路中，4 个预置数据输入端 $D_0 \sim D_3$ 均接

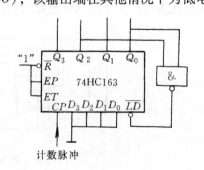

图 5-24　74HC163 构成的六进制计数器

低电平，清零端 $\overline{R}$ 接高电平，Q_2、Q_0 经与非门与预置控制端 $\overline{LD}$ 相连。不难分析，当计数器计到 $Q_3Q_2Q_1Q_0 = 0101$（对应十进制数 5）时，$\overline{LD}$ 为低电平，在第 6 个 CP 上升沿到来后将 $D_3D_2D_1D_0 = 0000$ 的数据置入计数器，使 $Q_3Q_2Q_1Q_0 = 0000$，所以计数器输出只存在 0000 ~ 0101 六种状态，为六进制计数器。

当需要位数更多的计数器时，可按图 5-25 进行级联。图中，同步清零端 $\overline{R}$、预置数控制端 $\overline{LD}$、计数控制端 EP 及计数脉冲端 CP 均分别并接在一起。计数控制端 EP 和第一级（最低位）的 ET 接 $+V_{DD}$，使它处于计数状态。第一级的进位输出端 CO 接第二级的 ET，第二级的 CO 接第三级（最高位）的 ET。这样只有当第一级的 CO 有进位输出时，第二级才能计数。只有当第一级和第二级的 CO 都有进位输出时，第三级才能计数。

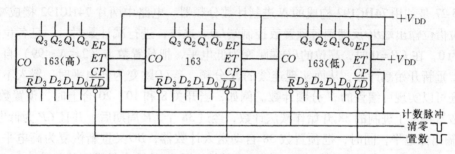

图 5-25　74HC163 的级联电路

（二）74HC192

74HC192 为可预置 8421 码十进制同步加/减可逆计数器，它采用双时钟的逻辑结构，加计数和减计数具有各自的时钟通道，计数方向由时钟脉冲进入的通道来决定。其主要功能如下：

1. 异步（直接）清零　74HC192 具有清零端 R（高电平有效），当 R 为高电平时，不管其他输入端为什么状态，计数输出端 $Q_3 \sim Q_0$ 均为低电平。

2. 异步（直接）预置数　和 74HC160 ~ 74HC163 一样，74HC192 有 4 个并行预置数输入端 $D_0 \sim D_3$ 和一个低电平有效的预置数控制端 $\overline{LD}$。当 R 为低电平（不起作用）、预置数控制端 $\overline{LD}$ 为低电平时，不管 CP 状态如何，可将预置数输入端的数据 $D_0 \sim D_3$ 置入计数器（为异步置数，而 74HC160 ~ 74HC163 为同步置数）；当 $\overline{LD}$ 为高电平时，不起作用。

3. 可逆计数　当计数时钟脉冲 CP 加至 CP_U 且 CP_D 为高电平时，计数器在 CP 上升沿的作用下进行加计数；当计数时钟脉冲 CP 加至 CP_D 且 CP_U 为高电平时，计数器在 CP 上升沿的作用下进行减计数。应该注意的是，74HC192 计数时，是按 8421 码十进制计数规律进行计数的。

另外，74HC192 还具有进位输出端 $\overline{CO}$ 和借位输出端 $\overline{BO}$。当进行加计数并且计数到最大值 9（$Q_3Q_2Q_1Q_0 = 1001$），同时 CP_U 为低电平时，进位输出端 $\overline{CO}$ 为低电平，其他情况为高电平。当进行减计数并且计数到最小值 0（$Q_3Q_2Q_1Q_0 = 0000$），同时 CP_D 为低电平时，借位输出端 $\overline{BO}$ 为低电平，其他情况为高电平。

下面介绍其两种典型应用电路。

图 5-26 是 74HC192 进行串行级联时的电路图。各级的清零端 R 和预置数控制端 $\overline{LD}$ 分别并接在一起，同时将低位的进位输出端 $\overline{CO}$ 接到高位的 CP_U，将低位的借位输出端 $\overline{BO}$ 接到高位的 CP_D。作减计数时，一旦低位计数器的数值减到零，且 CP_D 恢复为低电平时，则 $\overline{BO}$ 为

低电平，使高位的 CP_D 为低电平，再来一个脉冲，低位 $\overline{BO}$ 恢复为高电平，此上升沿使高位减1，同时本位由0000跳变到1001，继续进行减计数。作加计数时，一旦计数到1001时，则由 $\overline{CO}$ 向高位送进位脉冲，先变为低电平，再来一个脉冲，变为高电平，使高位加1，同时本位跳变到0000，继续进行加计数。计数器的起始状态可由预置控制端 $\overline{LD}$ 和预置数输入端 $D_0 \sim D_3$ 来设定。

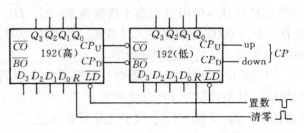

图5-26　74HC192串行级联应用

图5-27是利用74HC192构成的 N 进制计数分频器。电路中两片74HC192接成减计数，并由高位借位输出端 $\overline{BO}$ 反馈到各预置数控制端 $\overline{LD}$。这样，进行减计数时，一旦各位的输出端都变为0，在 $CP = 0$ 时，高位的 $\overline{BO}$ 端跳变为低电平，把预置数 N（$2 \leqslant N \leqslant 99$）自动送入计数器，重新开始减计数，从而实现连续的 N 分频。若 $\overline{LD}$ 跳变为低电平时，置入不同的预置数，还可以实现可编程的 N 分频计数。例如，当开关8和10、20合上时，预置数为38，减法计数器将从十进制的38开始作减法计数，经过38个 CP 周期后，并且 CP 为低电平时，高位 $\overline{BO}$ 输出低电平，同时，把预置数38自动送入计数器，$\overline{BO}$ 又重新恢复为高电平。因为 $N = 38$，$\overline{BO}$ 的输出频率是 CP 的 $1/38$。该电路的缺点是 $\overline{BO}$ 的输出是很窄的负脉冲。

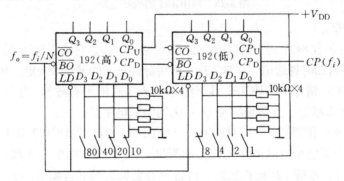

图5-27　74HC192构成 N 分频器

综上所述，中规模集成计数器具有多种不同的型号、不同的工作方式，用户可根据不同的需要选择不同的计数器。

五、顺序脉冲发生器

在计算机和控制系统中，常常要求系统的某些操作按时间顺序分时工作，因此需要产生一个节拍控制脉冲，以协调各部分的工作。这种能产生节拍脉冲的电路叫做节拍脉冲发生器（impulse generator），又称顺序脉冲发生器（脉冲分配器）。

顺序脉冲发生器按构成不同，可以分为计数型和移位型两种，下面分别予以介绍。

（一）计数型顺序脉冲发生器

计数型顺序脉冲发生器一般由计数器和译码器构成。我们知道，由 n 个触发器构成的二进制计数器有 2^n 个状态，在时钟脉冲作用下，计数器不断改变状态，若把计数状态经译码器进行译码，在连续计数脉冲作用下，译码器 2^n 个输出端就会产生顺序脉冲。

图5-28a所示的顺序脉冲发生器能产生4个节拍脉冲。电路中，F_0、F_1 构成两位二进制

异步计数器，四个与门构成译码器。在连续计数脉冲 CP 作用下，计数器的状态 Q_1Q_0 按 $00\rightarrow$ $01\rightarrow10\rightarrow11\rightarrow00$ 进行变化。不难分析，对应的译码器输出 $Z_0Z_1Z_2Z_3$ 将按 $1000\rightarrow0100\rightarrow$ $0010\rightarrow0001\rightarrow1000$ 进行变化，即产生了顺序脉冲。其时序波形如图 5-28b 所示。

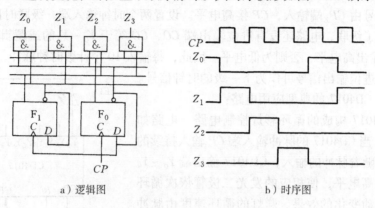

a）逻辑图   b）时序图

图 5-28 计数型顺序脉冲发生器

上述电路中，由于计数器是异步工作的，各触发器不是同时翻转，因此在译码过程中可能会出现干扰脉冲。例如当计数器状态从 01 变为 10 时，由于 F_0 的状态先由 1 变到 0，然后 F_1 的状态才由 0 变到 1，因此在 F_0 已经翻转而 F_1 尚未翻转时，计数器出现了过渡状态 00，这样，在译码电路的 Z_0 端就出现了一个正的干扰脉冲，使其控制的执行机构发生误动作。采用同步工作方式的计数器可以避免这种情况。

（二）移位型顺序脉冲发生器

将移位寄存器的输出经过适当的反馈连接，可构成移位型顺序脉冲发生器。

例如，将图 5-4 所示移位寄存器的首尾相接（F_0 的 $D=Q_3$），构成一个闭合环，如图 5-29 所示，那么在连续输入时钟脉冲 CP 时，寄存器中的数据将依次左移。假设电路的初始状态为 $Q_3Q_2Q_1Q_0=0001$，则在 CP 作用下，电路的状态将按 $0001\rightarrow0010\rightarrow$ $0100\rightarrow1000\rightarrow0001$ 的次序循环，在各输出端产生了顺序脉冲。

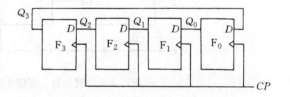

图 5-29 移位型顺序脉冲发生器

若用电路的不同输出状态来表示时钟脉冲的个数，该电路又具有计数器的功能，我们把这种类型的计数器称为环型计数器（ring counter）。其中的 0001、0010、0100、1000 四种状态称为有效状态，其他状态称为无效状态。当计数器由于某种原因进入无效状态时，这种计数器不能自动返回到有效状态，即不能自启动。因此正常工作时，应先通过串行输入或并行输入将电路置成某一有效状态。

（三）集成顺序脉冲发生器

CD4017 为十进制计数/脉冲分配器，是一种用途广泛的电路，内部由计数器及译码器两部分组成。CD4017 有 10 个译码输出端 $Y_0\sim Y_9$，当加入持续的时钟脉冲时，其输出 Y_0、Y_1、$Y_2\cdots Y_9$ 依次出现与时钟同步的高电平（正脉冲），高电平持续时间（脉冲宽度）等于时钟周期，其余输出端均为低电平。CD4017 可直接用作顺序脉冲发生器。

CD4017 有 3 个输入端。一个是异步（直接）清零端 R，当 R 为高电平时，计数器清零，其译码输出端中，只有 Y_0 为高电平，其余均为低电平。CD4017 的另外两个输入端是时钟输入端 CP 和 CP_E，如果要用上升沿来计数，则信号由 CP 端输入，CP_E 接低电平；若要用下降沿来计数，则信号由 CP_E 端输入，CP 接高电平。设置两个时钟输入端，级联时比较方便。

此外，为了级联，电路还设有进位输出端 CO，CO 等于 $Y_0 \sim Y_4$ 的或逻辑，即 $Y_0 \sim Y_4$ 中有 1 时，CO 输出高电平，否则为低电平。因此，每输入 10 个计数时钟脉冲，就可得到一个进位正脉冲。进位输出信号可作为下一级的时钟信号。

下面介绍 CD4017 的典型应用电路：

1. 用 CD4017 构成的循环彩灯控制电路　电路如图 5-30 所示。当 CD4017 的脉冲输入端 CP 输入持续的脉冲信号时，随着脉冲的输入，CD4017 输出端 $Y_0 \sim Y_9$ 依次循环变为高电平，使相应的发光二极管依次循环点亮，产生流动变化的效果。彩灯的循环速度由脉冲信号源的频率决定。

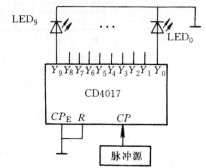

图 5-30　循环彩灯控制电路

2. 用 CD4017 构成的多级十进制分频器　电路如图 5-31 所示，将各级 CD4017 的清零端连在一起作公共清零端，CP_E 接地，最低位的 CP 端输入计数脉冲，低位 CD4017 的进位输出端 CO 依次接到相邻高位的时钟输入端 CP。这样，计数脉冲 CP 每经过一级 CD4017，其频率是原来的 1/10。

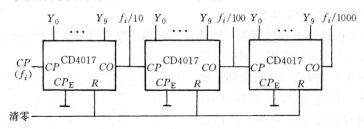

图 5-31　多级十进制分频器

3. 用 CD4017 构成 N 进制计数/分配器　电路如图 5-32 所示。电路中两个或非门组成 RS 触发器，其 S 端接在 Y_N（$N = 2 \sim 9$）输出端。当 Y_N 在 N 个 CP 的上升沿作用下跳变为高电平时，RS 触发器的 Q 端输出高电平，送到 CD4017 的 R 端，使 CD4017 清零。当 $N \geq 6$ 时，可在 CO 端获取进位脉冲；当 $N < 6$ 时，可从 Y_0 端获取进位脉冲。当第 N 个 CP 脉冲结束，CP 重新恢复为 0 时，RS 触发器复位，Q 端恢复为低电平，R 端为 0，CD4017 可继续计数。

除 CD4017 外，八进制计数/脉冲分配器 CD4022 也可以直接构成顺序脉冲发生器。CD4022 与 CD4017 是一对姊妹产品，主要差别是 CD4022 是八进制，译码输出端也只有 8 个输出端 $Y_0 \sim Y_7$，除此之外，其他功能完全相同。其逻辑符号和功能表见器件手册。

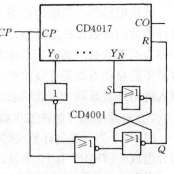

图 5-32　由 CD4017 组成的 N 进制计数/分配器

第四节 时序逻辑电路应用实例

一、CD4022 用于驱动四路流水彩灯电路

电路如图 5-33 所示。8 只发光二极管 LED_{1a} ~ LED_{4b} 组成 4 通道两组相互串联的彩色流水灯圆盘。圆盘中，任何时刻只有两盏灯被点亮，并按逆时针的方向旋转。例如，当 Q_0 或 Q_1 为高电平时，LED_{1a} 及 LED_{1b}（红色）亮。当 $Q_2 = 1$ 时，LED_{2a} 及 LED_{2b}（黄色）亮。依此类推，LED 发光二极管按红→黄→绿→橙→红→黄……的顺序循环点亮。图中的 VD_0 ~ VD_7 每两个一组组成 4 个或门，将八进制分配器转变为 4 进制分配器。如果要将发光二极管分成 8 组，可以用每个输出端控制一组发光二极管。

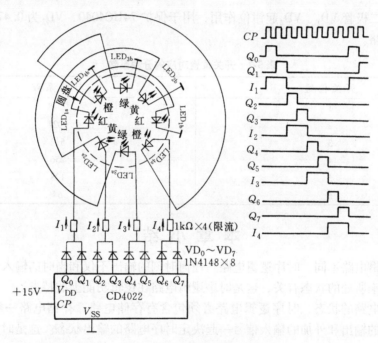

图 5-33 四路流水彩灯电路

二、简易微机故障检测器

在检查微机的工作状况时，常常需要准确地了解系统的地址、数据或控制逻辑是否有时钟信号，由于这些时钟信号的频率通常在几兆赫兹以上，不易观察。采用该电路可以方便地解决上述问题。

电路如图 5-34 所示，74HC4040（CD4040 的高速系列产品）是 12 位二进制串行计数/分频器。74HC4040 有 16 个引脚，除电源正极、负极、直接清零端、脉冲输入端外，有 12 个输出端 Q_1 ~ Q_{12}。将检测器的探头接到由 74HC4040 构成的分频器的时钟输入端，输入信号频率被 74HC4040 的分频电路分频，其分频系数由选择开关 S 所处的位置决定，对应的分频系数见表 5-7。74HC4040 的输出经两级晶体管放大后去驱动扬声器，根据扬声器所发出的音调可以估计输入时钟频率的高低。例如要跟踪 1MHz 的时钟信号时，若 S 处于位置 1，则在扬声器中可听见一个约 488Hz 的音频信号。

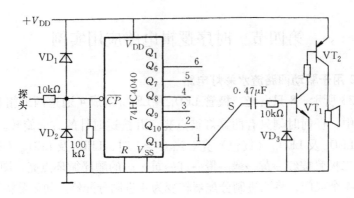

图 5-34　简易微机故障检测器

电路中的二极管 VD_1、VD_2 起钳位作用，用于保护 74HC4040，VD_3 为 0.47μF 的耦合电容提供放电回路。

表 5-7　开关位置对应的分频系数

开 关 位 置	分 频 系 数
1	2048
2	1024
3	512
4	256
5	128
6	64

本 章 小 结

与组合逻辑电路不同，时序逻辑电路在任何时刻的输出不仅和当时的输入信号有关，而且还和电路原来所处的状态有关，这是时序逻辑电路在逻辑功能上的特点。

为了记忆电路的状态，时序逻辑电路必须包含有存储电路，存储电路一般由触发器构成，存储电路的输出和外加的输入信号一起决定时序电路的输出状态。这是时序电路在电路结构上的特点。

时序逻辑电路可分为异步时序逻辑电路和同步时序逻辑电路两大类。同步时序逻辑电路中各个触发器的 CP 端接在一起，由同一个时钟脉冲信号控制，工作速度快；异步时序逻辑电路中的触发器的 CP 端没有全部接在一起，触发器状态的转换不严格同步，会出现过渡状态，但与同步时序逻辑电路比较起来，电路结构简单。

计数器和寄存器是两种最常用的时序逻辑电路。

计数器可分为二进制计数器、十进制计数器和其他进制计数器，主要用于对脉冲进行计数，另外还可以用于分频、定时、延时等功能。顺序脉冲发生器本质上也是一种计数器，只不过其内部计数器的状态经过译码输出，每个输出端对应着计数器的一个状态。

按计数脉冲接入的方式，计数器可分为同步计数器和异步计数器。

寄存器可分为数码寄存器和移位寄存器，移位寄存器又可分为单向移位寄存器和双向移位寄存器。

现在生产的集成时序逻辑电路品种较多，可实现的逻辑功能也较强，应在熟悉其功能的基础上加以充分利用。分析由集成时序逻辑电路组成的应用电路时，首先要根据器件手册或厂家提供的产品说明，通过其状态转换功能表和时序图，理解集成器件的逻辑功能，根据其时序情况并对照电路图，按时钟 CP 的节拍逐步分析电路的工作过程和工作原理。

练 习 题

一、填空题

1. 组合逻辑电路任何时刻的输出信号，与该时刻的输入信号_____，与电路原来所处的状态_____；时序逻辑电路任何时刻的输出信号，与该时刻的输入信号_____，与信号作用前电路原来所处的状态_____。

2. 一个 4 位移位寄存器，经过_____个时钟脉冲 CP 后，4 位串行输入数码全部存入寄存器。

3. 构成异步 2^n 进制加法计数器需要_____个触发器，一般将每个触发器接成_____型触发器。如果触发器是上升沿触发翻转的，则将最低位触发器 CP 端与_____相连，高位触发器的 CP 端与_____相连。

4. 时序逻辑电路按照其触发器是否有统一的时钟脉冲控制分为_____时序电路和_____时序电路。

5. 要组成模 15 计数器，至少需要采用_____个触发器。

二、判断题

1. 异步时序逻辑电路的各级触发器类型不同。 （ ）

2. 组合逻辑电路不含有记忆功能的器件。 （ ）

3. N 进制计数器可用作 N 分频器。 （ ）

4. 把一个 5 进制计数器与一个 10 进制计数器串联可得到 15 进制计数器。 （ ）

5. 4 位同步二进制加法计数器与 4 位异步二进制加法计数器的状态转换表不同。 （ ）

6. 异步 N 进制计数器工作时，会出现短暂的过渡状态。 （ ）

7. 具有 N 个独立状态，计满 N 个计数脉冲后，状态能进入循环的时序电路，称之模 N 计数器。 （ ）

三、单项选择题

1. 下列电路中，不属于组合逻辑电路的是 （ ）。

A. 编码器 B. 译码器 C. 数据选择器 D. 计数器

2. 某移位寄存器的时钟脉冲频率为 100kHz，欲将存放在该寄存器中的数左移 8 位，完成该操作需要的时间为 （ ）。

A. $10\mu s$ B. $80\mu s$ C. $100\mu s$ D. 800ms

3. 8 位移位寄存器，串行输入时经 （ ） 个脉冲后，8 位数码全部移入寄存器中。

A. 1 B. 2 C. 4 D. 8

4. 图 5-35 所示电路为 （ ） 计数器。

A. 异步二进制减法 B. 同步二进制减法 C. 异步二进制加法 D. 同步二进制加法

5. 某数字钟需要一个分频器将 32768Hz 的脉冲转换为 1Hz 的脉冲，欲构成此分频器至少需要 （ ） 个触发器。

A. 10 B. 15 C. 32 D. 32768

6. 图 5-36 所示电路为（　　）计数器。

A. 异步二进制减法　B. 同步二进制减法　　C. 异步二进制加法　D. 同步二进制加法

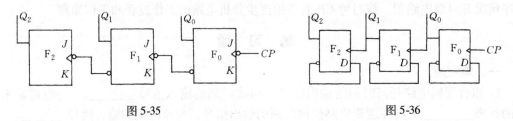

图 5-35　　　　　　　　　　　图 5-36

7. 图 5-37 所示电路为（　　）计数器。

A. 异步二进制减法　B. 同步二进制减法　　C. 异步二进制加法　D. 同步二进制加法

8. 一位 8421BCD 码计数器需要（　　）个触发器。

A. 3　　　　　　　　B. 4　　　　　　　　C. 5　　　　　　　　D. 10

9. 同步计数器和异步计数器比较，同步计数器的显著优点是（　　）。

A. 工作速度高　　　　　　　　　　　　B. 触发器利用率高

C. 电路简单　　　　　　　　　　　　　D. 不受时钟 CP 控制

10. 图 5-38 所示电路为（　　）计数器。

A. 异步二进制减法　B. 同步二进制减法　　C. 异步二进制加法　D. 同步二进制加法

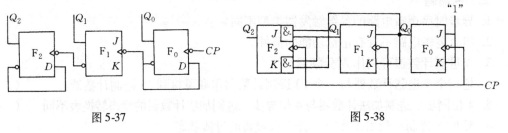

图 5-37　　　　　　　　　　　图 5-38

四、计算分析题

1. 已知图 5-4 所示单向移位寄存器的 CP 及输入波形如图 5-39 所示，试画出 Q_0、Q_1、Q_2、Q_3 波形（设各触发器初态均为 0）。

2. 在控制测量技术中得到广泛应用的两相脉冲源电路如图 5-40 所示，试画出在 CP 作用下 Q_0、$\overline{Q_0}$、Q_1、$\overline{Q_1}$ 和输出 Z_1、Z_2 的波形，并说明 Z_1、Z_2 的相位（时间关系）差。

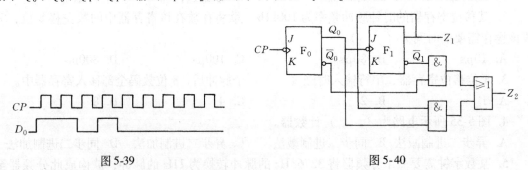

图 5-39　　　　　　　　　　　图 5-40

3. 在图 5-41a 所示电路中，设各触发器初始状态均为 0，输入端 A、CP 的波形如图 5-41b 所示。试画出电路中 B、C 点的波形。

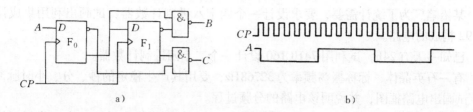

图 5-41

4. 利用集成计数器构成图 5-42 所示两个电路，试分析各电路为几进制计数器？

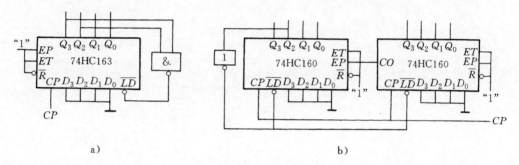

图 5-42

5. 图 5-43 是利用 74HC163 构成的 N 进制计数器，请分析其为几进制计数器？

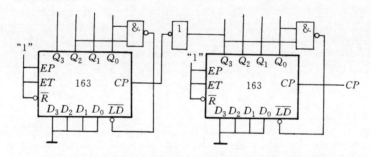

图 5-43

6. 图 5-44 是利用 74HC192 构成的计数器，试分析电路为几进制计数器？

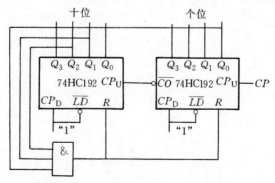

图 5-44

7. 某铅笔厂为了统计需要，要求设计一个四十八进制计数器，试画出利用集成计数器 74HC192 构成的电路。

8. 已知一天有 24h，试利用 74HC160 设计一个二十四进制计数器。

9. 有一石英晶体，标称振荡频率为 32768Hz，要用其产生稳定的秒、分、小时脉冲信号输出，试画出电路框图，并说明该电路的分频过程。

10. 某程序控制机床分 9 步循环工作，请用 CD4017 为该机床设计一个 9 步循环控制器（即 CD4017 的 9 个输出端 $Y_0 \sim Y_8$ 依此出现高电平）。

第六章　脉冲信号的产生与变换

在数字系统中，常常需要边沿陡峭且对脉冲宽度（pulse width）、幅值有一定要求的脉冲信号，获取这些脉冲信号的方法通常有两种：一种是利用脉冲振荡器直接产生；另一种是对已有的信号进行变换，使之符合系统的要求。

本章主要介绍用于脉冲产生、整形和定时的几种基本单元应用电路：单稳态触发器（monostable trigger）、多谐振荡器（astable multivibrator）、施密特触发器（Schmitt trigger）及555 集成定时器。

第一节　单稳态触发器

单稳态触发器与前面介绍的触发器不同，其特点是：**电路有一个稳态和一个暂稳态（transient state）；在外来触发信号作用下，电路由稳态跳变到暂稳态；暂稳态经过一段时间后会自动返回到稳态。暂稳态所处时间的长短取决于电路本身定时元件的参数。**

单稳态触发器在数字系统中应用很广泛，通常用于定时和延时电路以及脉冲信号的整形。

利用门电路可以构成单稳态触发器，根据组成单稳态触发器的 RC 电路连接形式的不同，可分为微分型和积分型两种。本节只介绍前者，积分型单稳态触发器见本章练习的计算分析题1，留作读者自己分析。

一、阈值电压

在分析脉冲波形和计算参数时，经常要用到阈值电压（threshold voltage）。所谓的阈值电压，是指集成门电路的输出状态发生翻转时，所对应的临界输入信号电压，用 V_{TH} 表示。

由于门电路的电压传输特性不太理想，使门电路输出发生翻转时所对应的输入信号有一个范围，即存在一个转折区，如图 6-1 所示为反相器的电压传输特性。通常将转折区中点所对应的输入电压称为阈值电压。一般 TTL 门电路取 1.4V 作为阈值电压，CMOS门电路取 1/2 电源电压作为阈值电压。

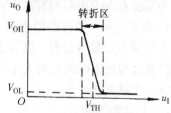

图 6-1　反相器的电压传输特性

二、微分型单稳态触发器

微分型单稳态触发器可以由与非门或者或非门构成，本节主要以与非门构成的单稳态触发器为例来说明。电路如图 6-2a 所示，它由与非门 G_1、G_2 及 RC 定时元件构成，其中 RC 接成微分电路形式，故称为微分型单稳态触发器。图中，如果是 TTL 型与非门，则电阻 R 必须小于 TTL 与非门的关门电阻 R_{OFF}，这样，当电路处于稳定状态，电容相当于开路时，u_{O2} 为高电平。如果是 CMOS 与非门，电阻 R 的取值范围较大，电路处于稳定状态时，G_2 门输入端通过电阻 R 接地，为低电平，u_{O2} 输出为高电平。

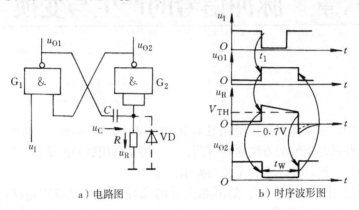

a）电路图   b）时序波形图

图 6-2 微分型单稳态触发器

（一）工作原理

图 6-2b 为电路工作的时序波形图，下面分析其原理：

1. 电路的稳态 当 u_I 一直为高电平时，G_2 门输入端为低电平，u_{O2} 为高电平，G_1 门由于输入全为 1，u_{O1} 为低电平。此时，电路处于稳定状态。

2. 加负触发脉冲电路翻转为暂稳态 当 $t = t_1$ 时，u_I 产生负跳变，使 u_{O1} 由低电平跳变为高电平，由于电容两端电压 u_C 不能突变，因而使 u_R 产生同样的正跳变，G_2 的输出 u_{O2} 从高电平变为低电平，结果使得电路进入暂稳状态。

由于 u_{O2} 的反馈作用，所以即使负触发脉冲（要求用窄脉冲触发）消失，G_1 的输出 u_{O1} 仍为高电平。

3. 电路自动返回稳态 电路在暂稳态期间，u_{O1} 为高电平，经 R 到地不断对电容 C 充电，使 u_C 按指数规律上升，u_R 按指数规律下降，当 u_R 下降到低于 G_2 门的阈值电压时，u_{O2} 翻转为高电平，u_{O1} 翻转为低电平，结果使得电路自动返回到稳态。暂稳态的持续时间，即输出脉冲宽度 t_W 与充电时间常数 RC 的大小有关，RC 越大，t_W 越宽。

4. 恢复过程 暂稳态结束后，电容 C 上已充有一定的电压，因此，电路返回稳态后，电容 C 需要经过放电过程，电容上的电压才能恢复到稳态时的数值，这一过程即为恢复过程。恢复过程所需时间 t_{re} 的大小与放电时间常数 RC 的大小有关。恢复过程结束后，才允许输入下一个触发脉冲。

（二）主要参数

1. 输出脉冲宽度 输出脉冲的宽度可按 RC 电路的过渡过程来进行计算。

设 U_0 为某电压的初始电压值，U_∞ 为该电压最终可达到的电压值，$u(t)$ 为 t 时刻的电压值。则：

$$u(t) = U_\infty + (U_0 - U_\infty)e^{-\frac{t}{RC}}$$

$$t = RC\ln\frac{U_\infty - U_0}{U_\infty - u(t)}$$

此公式为过渡过程的计算公式，在电路设计中，常用此公式进行计算，然后组成电路进行实际调试。

在图6-2a所示电路中，如果为CMOS与非门，设$V_{DD} = 5V$、$V_{TH} = 2.5V$，分析G_2门的输入电压，暂稳态开始时$U_0 = 5V$，$U_\infty = 0V$，暂稳态结束时$u(t) = 2.5V$，由上述公式可以计算出暂稳态维持的时间，即输出脉冲的宽度

$$t_W = RC\ln 2 \approx 0.7RC$$

当R、C的单位分别为$M\Omega$和μF时，t_W的单位为s（秒）。

2. 恢复时间t_{re}

$$t_{re} = (3 \sim 5)RC$$

若在R两端反向并接一只开关二极管VD（如图中虚线所示），则能大大减小t_{re}。

3. 最高重复触发频率f_{max}

$$f_{max} = 1/(t_W + t_{re})$$

三、集成单稳态触发器

单片集成单稳态触发器具有价廉、性能稳定、使用方便等优点，应用日益广泛，下面以74HC221为例介绍。

74HC221为集成双单稳态触发器，每个单稳态触发器均具有两个触发输入端$TR +$和$TR -$（$TR +$为正边沿触发端，$TR -$为负边沿触发端），另有一个清零端$\overline{R}$（低电平有效）和两个互补的输出端Q和$\overline{Q}$。

当$TR -$端接低电平时，可以从$TR +$端触发；当$TR +$端接高电平时，可以从$TR -$端触发。触发后，74HC221输出脉冲的宽度不受触发输入信号的影响，而与外接的定时元件（R_{ext}、C_{ext}）有关，但可以被$\overline{R}$中止。

74HC221的典型接线如图6-3所示。图中，外接的电容接在C_{ext}和R_{ext}之间，外接的电阻接在R_{ext}和V_{DD}之间。

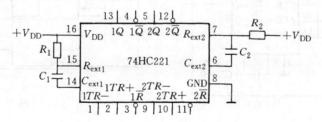

图6-3 74HC221典型接线图

四、单稳态触发器的应用

（一）脉冲的整形

无论输入到单稳态触发器的脉冲波形如何，只要符合触发电压的要求，就能使单稳态电路翻转，在输出端得到一定宽度、一定幅度的规则的矩形脉冲。其波形如图6-4所示。

（二）脉冲的定时

由于单稳态触发器能产生一定宽度t_W的矩形脉冲，若利用此脉冲去控制其他电路，可使其他电路在t_W时段内动作（或不动作）。例如，利用宽度为t_W的矩形脉冲作为与门的控制信号，只有在t_W时段内，与门才打开，其他输入信号才能通过，如图6-5所示。

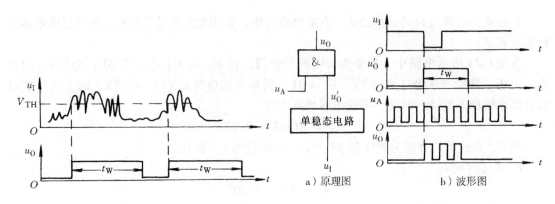

图 6-4　单稳态电路的整形作用　　　　图 6-5　单稳态电路的定时作用

（三）脉冲的延时

图 6-2 微分型单稳态电路输出 u_{O1} 的下降沿相对于输入触发脉冲 u_I 的下降沿滞后了 t_W 时间，我们称这个时间为延迟时间（delay time），因此，该电路可起到脉冲延时作用。

在数字控制系统中，往往需要一个脉冲信号到达后，延迟一段时间再产生另一个脉冲，用以分别控制相关的操作，图 6-6a 所示电路即可实现该功能，其时序波形如图 6-6b 所示。输出脉冲的宽度 t_{W1} 由外接电阻电容 R_1 和 C_1 决定，脉冲宽度 t_{W2} 由 R_2 和 C_2 决定。因此，可以分别调整 t_{W1}（决定输出脉冲相对于输入脉冲的延迟时间）和 t_{W2}（决定输出脉宽）。

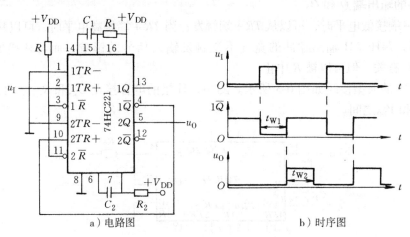

图 6-6　74HC221 组成的脉冲延时电路及其时序图

第二节　多谐振荡器

多谐振荡器没有稳定的状态，故又称无稳态电路，它不需外加触发信号便能产生周期性的矩形脉冲，在数字系统中常用作矩形脉冲源，作为时序电路的时钟信号。所谓的多谐，是指电路所产生的矩形脉冲中含有许多谐波成分的意思。

一、CMOS 门电路组成的多谐振荡器

图 6-7 为 CMOS 门电路组成的多谐振荡器的典型电路，G_1、G_2 为两个反相器，R、C 是定时元件。

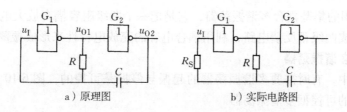

a）原理图　　　　　　　　b）实际电路图

图 6-7　CMOS 门电路组成的多谐振荡器

（一）工作原理

在分析单稳态触发器时，我们知道电路状态的翻转是利用电容 C 的充放电来实现的。对于图 6-7 所示的多谐振荡器，控制状态的翻转仍然是利用电容 C 的充放电来实现的，其工作原理如下：

1. 第一暂稳态及其自动翻转的过程　假定在接通电源的瞬间，$u_{O1} = 1$，$u_{O2} = 0$，电容两端相当于短路，电路处于暂时的稳定状态，设这时为电路的第一暂稳态。此时，u_{O1} 经电阻 R 到 u_{O2} 对电容 C 充电，u_I 的电位等于 u_C 与 u_{O2} 之和。随着充电的进行，u_I 的电位不断上升，当 u_I 上升到超过 G_1 门的阈值电压 V_{TH} 后，G_1 门的输出 u_{O1} 翻转为低电平，G_2 门的输出 u_{O2} 翻转为高电平，即 $u_{O1} = 0$，$u_{O2} = 1$，电路进入第二暂稳态。电路中各点对应的波形如图 6-8 中 $0 \sim t_1$ 段所示。

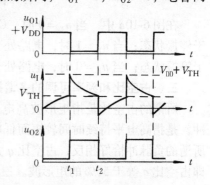

2. 第二暂稳态及其自动翻转的过程　电路进入第二暂稳态的瞬间，u_{O2} 由 0 上跳至 $+V_{DD}$，由于电容两端电压不能突变，则 u_I 也将上跳 V_{DD}，上跳至 $V_{DD} + V_{TH}$。此后，流过电阻 R 的电流使得电容 C 开始放电，使 u_I 的电

图 6-8　多谐振荡器波形图

位不断下降（随着 u_I 电位的下降，低于 u_{O2} 时，电容 C 反相充电），当 u_I 降至低于 G_1 门的 V_{TH} 后，G_1 门的输出 u_{O1} 翻转为高电平，G_2 门的输出 u_{O2} 翻转为低电平，即 $u_{O1} = 1$，$u_{O2} = 0$，电路又返回到第一暂稳态，波形如图 6-8 中的 $t_1 \sim t_2$ 段所示。

此后，电路重复上述过程，因而在输出端可获得连续的周期性的矩形脉冲。

图 6-7b 中的 R_S（$R_S \gg R$）串接在 G_1 门的输入端，其作用是：避免在电容充放电过程中 u_I 出现的瞬时高低电压造成 G_1 门的损坏，同时，也使电容放电几乎不经过 G_1 门的输入端，避免 G_1 门对振荡频率带来影响，即提高了振荡频率的稳定性。

（二）输出脉冲参数的计算

1. 振荡周期 T　在图 6-7b 电路中，若 G_1 门的阈值电平 $V_{TH} = V_{DD}/2$，根据电容过渡过程的计算公式，可计算出振荡周期：

$$T = 2RC\ln 3 \approx 2.2RC$$

2. 脉冲幅度 U_m

$$U_m \approx V_{DD}$$

上述电路是利用逻辑门构成的多谐振荡器，在高压大电流电子电路中有时还常采用分立元件组成振荡器。

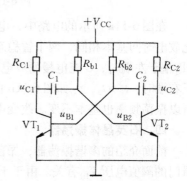

图 6-9　集基耦合多谐振荡器

图 6-9 所示为常用的集基耦合多谐振荡器，它是把一个两级阻容耦合放大电路的输出信号反馈到输入端，形成两级正反馈电路，利用耦合电容的充放电特性来形成振荡。

二、可控型多谐振荡器

在数字系统中，有时需要多谐振荡器的起振与停振是可控的，图 6-10 是分别利用与非门和或非门构成的可控型多谐振荡器。

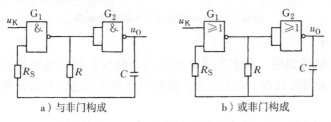

a）与非门构成   b）或非门构成

图 6-10   可控型多谐振荡器

在图 6-10a 中，当 $u_K = 0$ 时，G_1 门被强制封锁，输出高电平，G_2 门输出低电平，电路处于停振状态；当 $u_K = 1$ 时，电路处于振荡状态。同理，对于图 6-10b，当 $u_K = 1$ 时，电路处于停振状态；当 $u_K = 0$ 时，电路处于振荡状态。

三、占空比和频率可调的多谐振荡器

所谓的占空比是指矩形波高电平持续时间与其周期之比，用 q 表示。前面提到的正脉冲，是指高电平持续时间较短而低电平持续时间较长的矩形波，其占空比 q 小于 50%。而所谓的负脉冲恰好相反，占空比 q 大于 50%。方波通常是指高电平与低电平持续时间相等，即占空比 q 等于 50% 的矩形波。三者的波形如图 6-11b 所示。

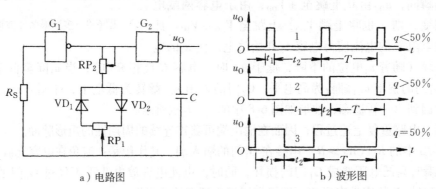

a）电路图   b）波形图

图 6-11   占空比和频率可调的多谐振荡器

在图 6-11a 所示的电路中，电位器 RP_1 用于调节占空比。当 RP_1 处于中间位置时，C 的充放电时间基本相同，两个暂稳态维持的时间相等，即 $t_1 = t_2$，u_0 为图 6-11b 中的曲线 3；当 RP_1 偏于左端时，C 充电慢而放电快，因此 $t_1 < t_2$，u_0 为图 6-11b 中曲线 1；同理，当 RP_1 偏于右端时，$t_1 > t_2$，u_0 如图 6-11b 曲线 2 所示。调节占空比时，充放电的时间之和不会改变，所以振荡频率也基本不变。改变电位器 RP_2 可调节电路的振荡频率。

四、石英晶体振荡器

前面介绍的多谐振荡器，振荡频率不仅取决于电路的充放电时间常数 RC，而且还与逻辑门的阈值电压 V_{TH} 有关。由于 V_{TH} 容易受温度、电源电压变化的影响，因此这些电路的振荡频率稳定性较差，约为 10^{-3} 左右，在频率稳定性要求较高的场合不大适用。

为了提高频率的稳定性，目前普遍采用在基本多谐振荡器中接入石英晶体，组成石英晶体振荡器。石英晶体的频率稳定性非常高，可以达到 $10^{-6} \sim 10^{-11}$。图 6-12 所示为石英晶体的符号及阻抗频率特性曲线。石英晶体振荡电路如图 6-13 所示。

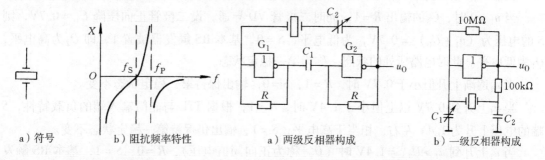

a）符号	b）阻抗频率特性	a）两级反相器构成	b）一级反相器构成

图 6-12 石英晶体   图 6-13 石英晶体振荡器

图 6-13a 中，两级反相器 G_1、G_2 构成了正反馈，电阻 R 的作用是使反相器工作在放大区（输入输出特性中的过渡区）。G_1 到 G_2 是经电容 C_1 耦合，G_2 到 G_1 是经 C_2 和石英晶体耦合。当电路接入直流电源 V_{DD} 后，满足相位平衡条件的噪声信号（频率在 f_S 和 f_P 之间），会产生增幅振荡，最终使 u_O 幅值达到饱和，输出近似为方波。电路的振荡频率 f_0 由晶振的标称频率决定，C_2 用来微调振荡频率。

图 6-13b 是使用一级反相器组成的石英晶体振荡电路，其输出频率在图 6-12b 中的 f_S 和 f_P 之间。

第三节　施密特触发器

施密特触发器也是数字系统中常用电路之一，它可以把变化缓慢的不规则的脉冲波形转换成边沿陡峭的矩形脉冲。

施密特触发器与前述的各类触发器相比具有以下特点：它属于电平触发（level triggered）方式，即不仅状态的翻转需外加触发信号，而且，状态的维持也需外加触发信号。另外，施密特触发器对于变化方向不同的输入信号，具有不同的阈值电压。

一、用 TTL 门电路构成的施密特触发器

如图 6-14a 所示是由 TTL 门电路构成的施密特触发器，电路由两个与非门、一个反相器及一个二极管组成。G_1、G_2 组成基本 RS 触发器，二极管 VD 起电平转移作用，当 VD 导通时，$\bar{S}$ 端的电位比 u_1 高 0.7V。

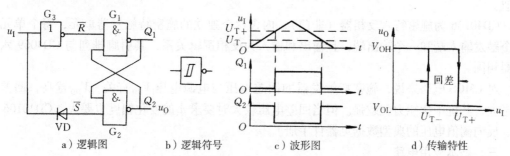

a）逻辑图	b）逻辑符号	c）波形图	d）传输特性

图 6-14　TTL 门电路构成的施密特触发器

设 TTL 门电路的阈值电压为 1.4V，即输入端电位小于 1.4V（阈值电压）为低电平，高于 1.4V 为高电平。

设输入信号 u_I 为三角波，如图 6-14c 所示。下面根据输入波形进行分析：

当 $u_I = 0$ 时，G_3 的输出 $\overline{R} = 1$，同时二极管 VD 导通，设二极管正向压降 $U_D = 0.7V$，则 $\overline{S}$ 的电压为 $(u_I + U_D) = 0.7V$，为低电平，$\overline{S} = 0$，基本 RS 触发器被置 1，即 Q_2 为高电平，Q_1 为低电平。此时电路所处的状态，称为第一稳定状态。

当 u_I 逐渐上升但小于 0.7V 时，$\overline{R} = 1$，$\overline{S} = 0$，输出保持第一稳定状态不变。

当 u_I 上升到 0.7V 以上但小于 1.4V 时，$\overline{R} = 1$；根据 TTL 与非门输入端的负载特性，$\overline{S}$ 端的电压上升为 1.4V 左右，相当于高电平，$\overline{S} = 1$，输出仍保持第一稳定状态不变。

当 u_I 上升到 $u_I > U_{T+} = 1.4V$ 时（U_{T+} 称为正向阈值电压），$\overline{R} = 0$，$\overline{S} = 1$，基本 RS 触发器被置 0，Q_1 为高电平，Q_2 为低电平（设为第二稳定状态），电路由第一稳定状态翻转到第二稳定状态。此后只要 $u_I > U_{T+}$，电路维持第二稳定状态不变。

如果 u_I 开始下降，当 u_I 小于 U_{T+}（等于 1.4V）但大于 U_{T-} 时（$U_{T-} = U_{T+} - U_D = 0.7V$，$U_{T-}$ 称为反向阈值电压），$\overline{R} = 1$，$\overline{S} = 1$，电路保持第二稳定状态不变。

当 $u_I < U_{T-}$（$U_{T-} = 0.7V$）时，$\overline{R} = 1$，$\overline{S} = 0$，RS 触发器被重新置 1，电路又从第二稳态返回到第一稳态。于是，输入的三角波经过施密特触发器变为矩形波输出。

从上述分析可以看出，在 u_I 上升过程中，当 $u_I > U_{T+}$ 时，触发器由第一稳态翻转到第二稳态。在 u_I 下降过程中，当 $u_I < U_{T-}$ 时，触发器由第二稳态返回到第一稳态。显然 U_{T+} 和 U_{T-} 不相等，这一现象称为施密特触发器的回差现象或滞后特性。U_{T+} 与 U_{T-} 之差称回差电压。图 6-14a 所示电路的回差电压为 0.7V。

二、集成施密特触发器

集成施密特触发器性能一致性比较好，触发阈值电压稳定，下面以 CD40106 为例介绍。

施密特触发器又称为施密特门电路，它同时具有触发器和门电路的特点。它具有两个稳定状态，这点和触发器相同，但施密特触发器输入电平的变化又可以引起输出状态的变化，这点和门电路类似。

如果把施密特触发器看作门电路，它和一般的门电路不同，当输入信号小于反向阈值电压 U_{T-} 时，输入端相当于低电平；当输入信号高于正向阈值电压 U_{T+} 时，输入端相当于高电平；当输入信号处于反向阈值电压 U_{T-} 和正向阈值电压 U_{T+} 之间时，输入端的状态不影响输出状态，输出状态原来是什么状态，就继续维持什么状态，具有记忆功能，这点和触发器类似。

CD40106 为施密特六反相器（非门），内含六个独立的施密特触发器单元，每个单元有一个触发输入端和一个输出端，且输出和输入为反相逻辑关系，其引脚排列与 CD4069 六反相器相同。

对 CMOS 电路来说，施密特触发器的回差电压与电源电压 V_{DD} 有关，V_{DD} 越高，回差电压越大，其抗干扰能力就越强。但当回差电压较大时要求 u_I 的变化幅度也要大。CD40106 的正、反向阈值电压的典型数据见器件手册。

三、基本应用电路

施密特触发器的用途十分广泛，下面介绍其几种基本的应用。

（一）波形的变换和整形

无论施密特触发器的输入信号波形如何，只要它的幅度大于 U_{T+}，电路就迅速由一种稳态翻转到另一种稳态；当输入信号幅度低于 U_{T-} 时，电路又迅速翻回到原来的稳态。因此，利用施密特触发器能很方便地将正弦波或三角波变换成矩形波，如图 6-15 所示。

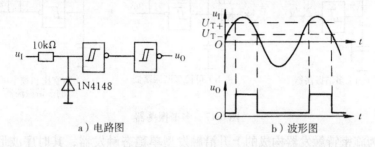

a）电路图　　　　　　　　　　　b）波形图

图 6-15　波形的变换

施密特触发器还可以用于对脉冲信号进行整形。例如数字信号在传输过程中叠加有干扰和噪声信号后，其波形往往是不规则的，经两级施密特反相器整形后即可变成合乎要求的脉冲信号，如图 6-16a 所示。从图中可以看出，当 u_O 为高电平时，只要干扰脉冲的谷底电压高于 U_{T-}，u_O 的状态就不变；当 u_O 处于低电平时，只要干扰脉冲的峰顶电压低于 U_{T+}，u_O 的状态就不变。但如果使用普通的两级反相器，就会在输出波形中产生多个干扰脉冲，如图 6-16b 所示。

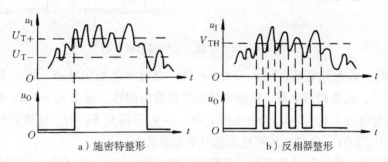

a）施密特整形　　　　　　　　　b）反相器整形

图 6-16　波形的整形

（二）多谐振荡器

利用施密特触发器可以构成多谐振荡器，如图 6-17a 所示。接通电源瞬间，电容 C 上的电压为 0，施密特触发器输出 u_O 为高电平。随后，u_O 通过电阻 R 对电容 C 充电，使 u_C 不断升高。当 u_C 达到 U_{T+} 时，电路翻转，输出为 0。此后电容 C 又开始放电，u_C 下降，当 u_C 下降到 U_{T-} 时，电路又发生翻转，输出为 1。这样周而复始，形成振荡。其振荡频率与电容充放电时间常数 RC 成正比，也与回差电压有关，回差电压越大，振荡频率越低。

图 6-17b 为可控型多谐振荡器，当控制端 u_K 为低电平时，二极管 VD 导通，施密特触发器输出被锁定为高电平，电路不能起振；当 u_K 为高电平时，VD 截止，振荡器可正常工作。

图 6-17c 为占空比和频率可调的多谐振荡器，调节 RP_1 可改变占空比，调节 RP_2 可改变振荡频率。

（三）单稳态触发器

利用施密特触发器的回差特性也可以方便地构成单稳态触发器。

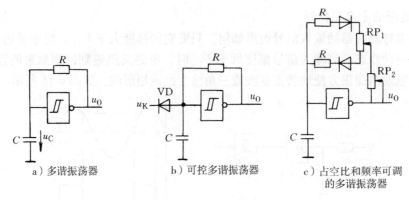

a) 多谐振荡器 b) 可控多谐振荡器 c) 占空比和频率可调
的多谐振荡器

图 6-17 多谐振荡器

图 6-18a 为施密特触发器构成的上升沿触发型单稳态触发器，其时序波形如图 6-18b 所示。下面分析其工作原理：

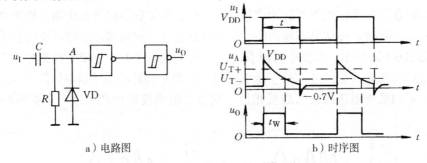

a) 电路图 b) 时序图

图 6-18 上升沿触发型单稳态触发器

在 $u_I = 0$ 时，u_A 为低电平，则 $u_0 = U_{OL} = 0V$，电路处于稳定状态。当 u_I 发生正跳变时（幅值大于 U_{T+}），u_A 也跟着上跳，使施密特触发器发生翻转，输出 $u_0 = V_{DD}$，触发器进入暂稳态。此后随着电容 C 充电，u_A 电位逐渐下降，当 u_A 下降至 U_{T-} 时，施密特触发器再次发生翻转，$u_0 = U_{OL} = 0V$，电路又从暂稳态返回至稳定状态。

由波形图可知，输出脉冲的宽度（即暂稳态维持的时间）$t_W = RC\ln (V_{DD}/U_{T-})$。

在这里应注意，**此电路输入信号的脉冲宽度 t 必须大于 t_W**。

图 6-19a 为施密特触发器构成的下降沿触发型单稳态触发器，其时序波形如图 6-19b 所示。其工作原理如下：

当 u_I 为低电平时，u_A 为高电平 $+V_{DD}$（大于 U_{T+}），则 u_0 输出低电平。当 u_I 发生正跳变

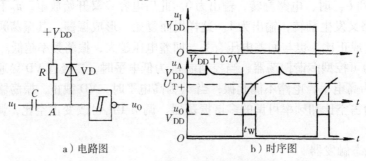

a) 电路图 b) 时序图

图 6-19 下降沿触发型单稳态触发器

时，u_A 被导通的二极管 VD 钳制在 $(V_{DD} + 0.7)$ V，u_O 的状态不变。当 u_I 发生负跳变时，u_A 也跟着下跳到 0V，输出 u_O 为高电平，随后电容 C 开始充电，u_A 电位逐渐上升，当 u_A 上升到 U_{T+} 时，u_O 又重新从高电平跳变为低电平。

（四）脉冲幅度鉴别

施密特触发器的输出状态决定于输入信号的幅度，因此它可以用来作为幅度鉴别电路，可从输入幅度不等的一串脉冲中，把幅度超过 U_{T+} 的那些脉冲鉴别出来，而把低于 U_{T+} 的消除。图 6-20 为利用施密特反相器（非门）进行脉冲鉴别的输入、输出电压波形。

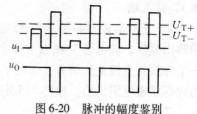

图 6-20　脉冲的幅度鉴别

第四节　集成 555 定时器及其应用

555 定时器又称 555 时基电路，是一种用途广泛的单片集成电路。若在其外部配上少许阻容元件，便能构成各种不同用途的脉冲电路，如多谐振荡器、单稳态触发器以及施密特触发器等。同时，由于它的性能优良，使用灵活方便，在工业自动控制、家用电器和电子玩具等许多领域得到广泛的应用。

正因如此，自 20 世纪 70 年代初第一片定时器问世后，国际上各主要的电子器件公司也都相继生产了各种 555 定时器。555 定时器的产品有双极型和单极型（CMOS 型），无论哪种类型均有单或双定时器电路；双极型型号为 555（单定时器）和 556（双定时器）；CMOS 型产品型号是 7555（单定时器）和 7556（双定时器）。双极型定时器的电源电压在 4.5 ~ 18V 之间，输出电流较大（200mA），能直接驱动继电器等负载，并能提供与 TTL、CMOS 电路相容的逻辑电平；而 CMOS 型则功耗低、适用电源电压范围宽（通常在 3V ~ 18V）、定时元件的选择范围大、输出电流比双极型小。但二者的逻辑功能与外部引脚排列完全相同。本节主要介绍双极型 555 定时器的结构、工作原理及应用。

一、电路结构

图 6-21 为一种典型的双极型定时器原理图。555 定时器有八个管脚：1 端为接地端，2

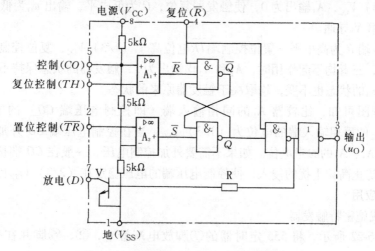

图 6-21　典型的双极型 555 定时器原理图

端为置位控制端$\overline{TR}$，3端为输出端，4端为直接复位端$\overline{R}$，5端为控制电压端CO，6端为复位控制端TH，7端为放电端D（在电路内部，7端和地之间接有放电管V），8端为直流电源V_{CC}接入端。

555定时器的核心是一个RS触发器，RS触发器的输入分别由两个电压比较器A_1和A_2的输出提供，放电管V相当于一个电子开关，由图中的一个与非门的输出控制，此外还有一个外接的直接复位端$\overline{R}$（低电平有效）。两个电压比较器的参考电位由三个阻值均为$5k\Omega$的内部精密电阻供给，故称555定时器。

二、工作原理

555定时器的功能表见表6-1。

表6-1　555定时器功能表

输　　　　　入			输　　　出	
直接复位端$\overline{R}$	置位控制端$\overline{TR}$	复位控制端TH	输　　出	放电管V
0	×	×	0	导通
1	< $(1/3)$ V_{CC}	×	1	截止
1	> $(1/3)$ V_{CC}	> $(2/3)$ V_{CC}	0	导通
1	> $(1/3)$ V_{CC}	< $(2/3)$ V_{CC}	不变	不变

从表6-1可以看出直接复位端$\overline{R}$、置位控制端$\overline{TR}$、复位控制端TH之间的优先等级：

1）直接复位端$\overline{R}$优先级最高。直接复位端$\overline{R}$为低电平时，可使图中与非门的输出为1，555电路的输出u_0为低电平，用0表示，同时放电管V导通。当不需直接复位时，可将该端接至高电位或悬空。

2）置位控制端$\overline{TR}$的优先等级次之。当复位端$\overline{R}$为高电平（不起作用）、置位控制端$\overline{TR}$的电位低于$(1/3)$ V_{CC}时，A_2的同相输入端电位低于反相输入端电位$(1/3)$ V_{CC}，A_2的输出为0，使触发器置位，Q为高电平，输出u_0为高电平，用1表示，同时放电管V截止。

3）复位控制端TH的优先等级最低。当复位端$\overline{R}$为高电平、置位控制端$\overline{TR}$电位高于$(1/3)$ V_{CC}，二者都不起作用时，若复位控制端TH电位高于$(2/3)$ V_{CC}，A_1的反相输入端电位高于$(2/3)$ V_{CC}，A_1输出为0，使触发器复位，Q为低电平，输出u_0为低电平，用0表示，同时放电管V导通。

4）当复位端$\overline{R}$为高电平，置位控制端$\overline{TR}$电位高于$(1/3)$ V_{CC}，复位控制端TH电位低于$(2/3)$ V_{CC}，三者均不起作用时，A_1和A_2均输出为1，触发器的状态保持不变，放电管V的状态不变，u_0的状态也不变，均取决于触发器原来的状态。

5）由原理图可知，比较器A_1的同相输入端（即控制电压端CO）的电位为$(2/3)$ V_{CC}，比较器A_2的反相输入端的电位为$(1/3)$ V_{CC}。当在控制电压端CO外加控制电压时，可改变比较器A_1、A_2的参考电位。如果不需要外加控制电压，一般在CO端接$0.01\mu F$的电容器到地，可防止高频干扰的侵入，使控制电压端的电压稳定在$(2/3)$ V_{CC}上。

三、典型应用

（一）构成施密特触发器

电路如图6-22所示，将555定时器的⑦脚放电端悬空，②、⑥脚并在一起接输入信号u_I。

当 $u_I <$ （1/3）V_{CC}时，u_0输出高电平；当 $u_I >$ （2/3）V_{CC}时，u_0输出低电平；当（1/3）$V_{CC} < u_I <$ （2/3）V_{CC}时，u_0输出保持原来状态不变。可见，这种电路的输出不仅与 u_I 的大小有关，而且还与 u_I 的变化方向有关：u_I 由小变大时，$u_I =$ （2/3）V_{CC} 时触发翻转；u_I 由大变小时，$u_I =$ （1/3）V_{CC} 才翻转。其传输特性如图 6-22b 所示。

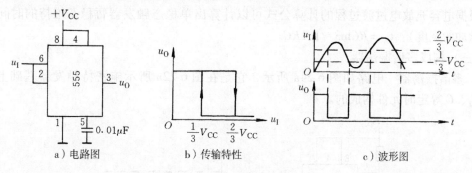

a）电路图　　　　　b）传输特性　　　　　c）波形图

图 6-22　施密特触发器

由于该施密特触发器的阈值电压分别为（1/3）V_{CC} 和（2/3）V_{CC}，因而该电路存在（1/3）V_{CC} 的回差电压。

（二）构成单稳态触发器

电路如图 6-23a 所示，R、C 为外接定时元件，触发信号 u_I 加在②脚 $\overline{TR}$ 端，无触发信号时，②脚电位为高电平，应高于（1/3）V_{CC}，信号从③脚输出。

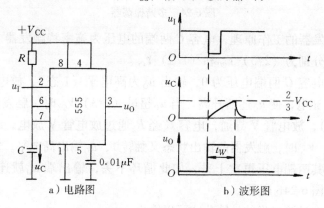

a）电路图　　　　　　　b）波形图

图 6-23　单稳态触发器

接通电源后，若 u_I 为高电平，触发信号无效，②脚（$\overline{TR}$ 端）不起作用，电容两端的电压为 0，⑥脚（TH 端）也不起作用，555 内部 RS 触发器的状态是随机的。若电源接通后，RS 触发器的状态为 0 态，则放电管 V 导通，⑦端接地，电容两端电压保持为 0V，RS 触发器保持为 0 态，输出 u_0 也为 0，这是它的稳定状态。若电源接通后，RS 触发器的状态为 1 态，则放电管 V 截止，V_{CC} 经 R 给 C 充电，u_C 不断升高。当 $u_C >$ （2/3）V_{CC} 时，RS 触发器被复位为 0 态，放电管 V 导通，电容 C 经放电管放电，使 u_C 迅速减小到 0V，⑥脚（TH 端）为低电平，不起作用，RS 触发器保持为 0 状态，输出 u_0 也为 0，电路也进入它的稳定状态。

所以，不管电源接通时，555 定时器中的 RS 触发器的原态是什么状态，最终都会进入 0 态，输出为 0，这个状态是稳定的。

当②脚输入一个幅值低于 $(1/3)$ V_{CC} 的窄负脉冲触发信号时，内部 RS 触发器置 1，u_O 输出高电平，放电管 V 截止，电路由稳态进入暂稳态。随后，C 开始充电，当 u_C 上升到大于 $(2/3)$ V_{CC} 时，RS 触发器复位，u_O 输出低电平，V 饱和导通，C 经⑦脚迅速放电，电路从暂稳态又返回稳态。波形如图 6-23b 所示。

根据电容充放电过渡过程的计算公式可以计算出单稳态触发器暂稳态维持的时间（即输出脉冲的宽度）：$t_W = RC\ln3 \approx 1.1RC$。

（三）构成多谐振荡器

1. 多谐振荡器　电路如图 6-24a 所示，它是在图 6-22a 所示施密特触发器基础上增加 R_1、R_2、C 等定时元件构成的。

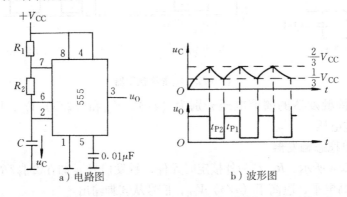

a）电路图　　　　b）波形图

图 6-24　多谐振荡器

根据施密特触发器的工作原理，电容 C 两端的电压为施密特触发器（反相器）的输入电压，其阈值电压分别为 $(2/3)$ V_{CC} 和 $(1/3)$ V_{CC}。

电源接通后，电容 C 两端电压为 0，输出 u_O 为高电平（1 态），放电管 V 截止，V_{CC} 经 R_1、R_2 给电容器 C 充电，使 u_C 逐渐升高。当 u_C 超过 $(2/3)$ V_{CC} 时，触发器状态翻转，输出 u_O 为低电平（0 态），放电管 V 导通，电容 C 经 R_2 通过放电管 V 放电，u_C 开始下降。当 u_C 下降到低于 $(1/3)$ V_{CC} 时，触发器的输出状态又翻转 1，u_O 输出高电平，放电管 V 截止，电容器又再次充电，其两端电压再次上升，如此循环下去，输出端 u_O 就连续输出矩形脉冲，电路的输出波形如图 6-24b 所示。

根据电容充放电过渡过程的计算公式可以算出：

$$t_{P1} \approx 0.7(R_1 + R_2)C$$

$$t_{P2} \approx 0.7R_2C$$

振荡周期：

$$T = t_{P1} + t_{P2} \approx 0.7(R_1 + 2R_2)C$$

振荡频率：

$$f = 1/T = 1/[0.7(R_1 + 2R_2)C]$$

2. 占空比可调的矩形脉冲发生器　在图 6-24 所示的电路中，一旦定时元件 R_1、R_2、C 确定以后，输出正脉冲的宽度 t_{P1} 及矩形脉冲的周期 T 就不再改变，即输出脉冲的占空比 $q = t_{P1}/T$ 不变。若将图 6-28 中的充放电回路分开，并接入调节元件，如图 6-25 所示，就构成一个占空比可调的矩形脉冲发生器。

电路中增加了两个导引电容充放电的二极管 VD_1、VD_2 和一个电位器 RP，充电回路为：$V_{CC} \rightarrow R_1 \rightarrow VD_1 \rightarrow C \rightarrow$ 地；放电回路为：$C \rightarrow VD_2 \rightarrow R_2 \rightarrow$ ⑦脚内部放电管 $V \rightarrow$ 地。忽略二极管正向导通电阻时，可以估算出：$t_{P1} \approx 0.7 R_1 C$，$t_{P2} \approx 0.7 R_2 C$，则振荡周期为：

$$T = t_{P1} + t_{P2} \approx 0.7(R_1 + R_2)C$$

占空比：

$$q = \frac{t_{P1}}{T} \times 100\% \approx \frac{R_1}{R_1 + R_2} \times 100\%$$

当调节 RP 时，由于电阻（$R_1 + R_2$）不变，故不影响周期，但 R_1、R_2 的值发生了改变，即占空比发生了改变。

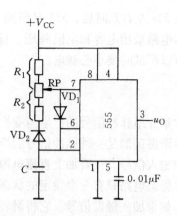

图 6-25 占空比可调的矩形脉冲发生器

四、应用实例

图 6-26 所示电路是用 555 定时器为核心元件构成的触摸、声控双功能延时灯。该电路可采用触摸或声控两种方式触发，触发后，灯被点亮，灯亮一段时间后自动熄灭，可用于楼道、厕所等场所的照明。电路中，$R = 500\Omega$、$R_1 = 330\Omega$、$R_2 = 1M\Omega$、$R_3 = 20k\Omega$、$R_4 = 4.7M\Omega$、$R_5 = 4.7M\Omega$、$R_6 = 10k\Omega$、$R_7 = 10k\Omega$、$C_1 = 0.22\mu F/400V$、$C_2 = 0.01\mu F$、$C_3 = 220\mu F$、$C_4 = 47\mu F$、$C_5 = 0.022\mu F$。

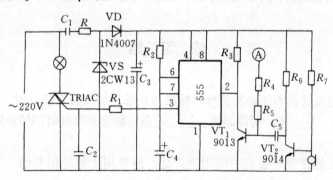

图 6-26 触摸、声控双功能延时灯

电路中，220V 交流电压经 C_1、R 降压、VD 整流、VS 稳压及 C_3 滤波后，为 555 提供 +6V 左右的直流电压；555 定时器和 R_2、C_4 组成单稳态触发器，定时时间为 $t_W \approx 1.1 R_2 C_4$，图示参数的定时（即灯亮）时间约为 52s；双向晶闸管 TRIAC 构成控制电路，其门极由 555 定时器的输出来触发；晶体管 VT_1、VT_2 构成两级放大电路。

555 构成的单稳态电路在没有触发信号时，VT_1 截止，555 的②脚为高电平，单稳态电路处于稳定状态，③脚输出低电平，双向晶闸管不导通，灯不亮。当击掌声传至拾音器时，拾音器将声音信号转换成电脉冲信号，经 VT_1、VT_2 放大，555 的②脚会出现低电平，触发 555，使 555 电路置位，③脚输出高电平，触发双向晶闸管 TRIAC 导通，灯点亮。同样，若触摸金属片 A，人体的感应信号经 R_4、R_5 加到 VT_1 的基极，也使 VT_1 导通，VT_1 的集电极出现低电平，触发 555 置位。

经52s左右延时后，555又回到0态，③脚变为低电平，TRIAC关断，灯熄灭。

本电路采用电容和电阻降压，优点是体积小，成本低，但因为没有用变压器进行电隔离，所以调试时要小心触电。

本 章 小 结

本章介绍脉冲信号的产生与变换电路。

多谐振荡器是一种脉冲信号的产生电路，它只有两个暂稳态，又称无稳态电路，它不需要外加输入信号，只要加上直流电源，就可以产生矩形脉冲。

单稳态电路只有一个稳定的状态和一个暂稳态，如果不加触发信号，电路保持稳定状态不变，如果加入触发信号，它将翻转为暂稳态，暂稳态持续一段时间又可以自动翻转回稳定状态。单稳态电路暂稳态维持的时间由外接定时元件的参数决定。单稳态电路在外加触发信号的作用下可以输出一定宽度和一定幅度的矩形脉冲，可以作为波形变换电路，也可以作为定时电路或延时电路。

施密特触发器又称为施密特门电路，它有两个阈值电压，当输入电压大于正向阈值电压时，输入为高电平；当输入电压小于反向阈值电压时，输入为低电平；当输入电压处于两个阈值电压之间时，其输出状态保持不变，与输入信号无关。施密特触发器主要用于把其他不规则的信号转换成矩形脉冲。

555时基电路又称555定时器，是一种用途广泛的单片集成电路，若在其外部接上简单的辅助电路，便能构成各种不同用途的脉冲电路，如多谐振荡器、单稳态触发器以及施密特触发器等。

练 习 题

一、填空题

1. 某单稳态触发器在不加触发信号时输出为0态，加入触发信号时，输出跳变为1态，因此，其稳态为_____态，暂稳态为_____态，暂稳态所处时间的长短取决于电路本身_____的参数。

2. 单稳态触发器在数字系统中应用很广泛，通常用于脉冲信号的_____、_____及_____。

3. 单稳态触发器有_____个稳定状态；多谐振荡器有_____个稳定状态。

4. 占空比 q 是指矩形波_____持续时间与其_____之比。

5. _____触发器能将缓慢变化的非矩形脉冲变换成边沿陡峭的矩形脉冲。

6. 施密特触发器有_____个阈值电压，分别称做_____和_____。

7. 555定时器型号的最后数码为555的是_____产品，为7555的是_____产品。

8. 为了实现高的频率稳定度，常采用_____振荡器。

二、判断题

1. 单稳态触发器的暂稳态维持时间用 t_W 表示，与电路中 RC 成正比。　　　　　　（　　）

2. 单稳态触发器的暂稳态时间与输入触发脉冲宽度成正比。　　　　　　　　　　（　　）

3. 施密特触发器的正向阈值电压一定大于负向阈值电压。　　　　　　　　　　　（　　）

4. 石英晶体多谐振荡器的振荡频率与电路中的 RC 成正比。　　　　　　　　　　（　　）

5. 多谐振荡器的输出信号的周期与阻容元件的参数成正比。　　　　　　　　（　　）

6. 方波的占空比为 0.5。　　　　　　　　　　　　　　　　　　　　　　（　　）

7. 555 定时器不仅可以组成多谐振荡器，而且还可以组成单稳态触发器、施密特触发器。　　　　　　　　　　　　　　　　　　　　　　　　　　　　　　　　（　　）

三、单项选择题

1. 以下各电路中，（　　）可以产生脉冲定时。

A. 多谐振荡器　　　B. 单稳态触发器　　　C. 施密特触发器　　　D. 石英晶体多谐振荡器

2. 单稳态电路的输出脉冲宽度为 $t_w = 4\mu s$，恢复时间 $t_{re} = 1\mu s$，则输出信号的最高频率为（　　）。

A. $f_{max} = 250\text{kHz}$　　　B. $f_{max} \geqslant 1\text{MHz}$　　　C. $f_{max} \leqslant 200\text{kHz}$

3. 石英晶体多谐振荡器的突出优点是（　　）。

A. 速度高　　　　　B. 电路简单　　　　C. 振荡频率稳定　　　D. 输出波形边沿陡峭

4. 多谐振荡器可产生（　　）。

A. 正弦波　　　　　B. 矩形脉冲　　　　C. 三角波　　　　　D. 锯齿波

5. 能把 2kHz 正弦波转换成 2kHz 矩形波的电路是（　　）。

A. 多谐振荡器　　　B. 施密特触发器　　　C. 单稳态触发器　　　D. 二进制计数器

6. 用来鉴别脉冲信号幅度时，应采用（　　）。

A. 单稳态触发器　　B. 双稳态触发器　　　C. 多谐振荡器　　　D. 施密特触发器

7. 输入为 2kHz 矩形脉冲信号时，欲得到 500Hz 矩形脉冲信号输出，应采用（　　）。

A. 多谐振荡器　　　B. 施密特触发器　　　C. 单稳态触发器　　　D. 二进制计数器

8. 用 555 定时器组成施密特触发器，当控制电压端 CO 外接 10V 电压时，回差电压为（　　）。

A. 3.33V　　　　　B. 5V　　　　　　　C. 6.66V　　　　　D. 10V

四、计算分析题

1. 图 6-27 所示电路是由两个 CMOS 与非门组成的积分型单稳态触发器，设阈值电压为电源电压的 1/2，当输入正脉冲时试分析其工作原理，计算暂稳态维持的时间并画出 u_{O1}、u_C、u_O 的时序波形。

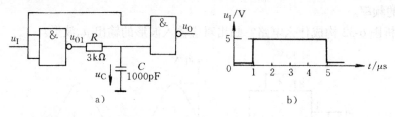

图 6-27

2. 在图 6-7b 所示电路中，若 $R = 100\text{k}\Omega$、$C = 1000\text{pF}$，试求振荡频率。

3. 施密特触发器具有什么特点？请根据图 6-28b 所示的输入波形画出 u_O 的波形。

4. 大部分机械开关的接触点在通、断时往往发生跳动，造成输入信号的不稳定。利用图 6-29 所示施密特电路，可以去除触点跳动对电路工作的影响。试分析其工作原理，并画出 u_C 和 u_O 的波形。

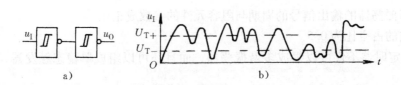

图 6-28

5. 图 6-30 所示是用施密特触发器构成的单稳态电路，它的触发沿为下降沿。试画出 u_I、u_A 和 u_O 的波形。

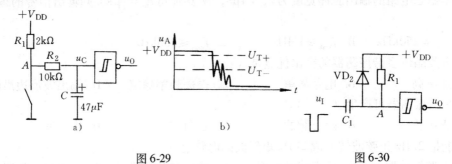

图 6-29   图 6-30

6. 画出图 6-31 所示电路中的 A、B、C、D、E 各点波形，并说明扬声器发出怎样的声音。

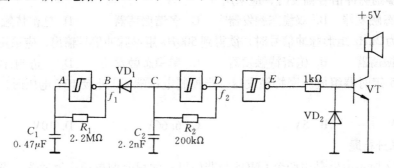

图 6-31

7. 在图 6-24 中，若 $R_1 = 20k\Omega$、$R_2 = 80k\Omega$、$C = 1\mu F$，试画出其输出电压的波形，并计算输出电压的频率。

8. 试分析图 6-32 构成什么电路？画出对应输入波形的输出 u_O 波形。

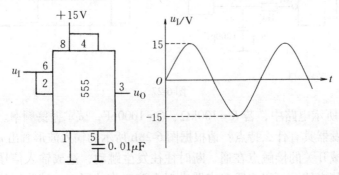

图 6-32

第七章 数-模(D-A)和模-数(A-D)转换

随着数字电子技术的发展，特别是数字电子计算机的广泛应用，用数字电路处理模拟信号的情况越来越多。用数字电路处理模拟信号时，必须先将模拟量转换成数字量，这是由模拟-数字转换器（简称模-数转换器、A-D转换器或ADC）实现的。如果处理后的数据需要还原成相应的模拟量时，则由数字-模拟转换器（简称数-模转换器、D-A转换器或DAC）进行变换。

ADC（Analog to Digital Converter）和DAC（Digital to Analog Converter）是数字控制系统中不可缺少的组成部分，也是计算机用于工业控制的重要接口电路。在采用数字计算机对生产过程进行控制时，首先必须将要求控制的模拟量转换为数字量，才能送到数字计算机中去进行运算和处理，然后还要将运算得到的数字量转换为模拟量，才能实现对被控制参数的控制，所以ADC和DAC是将数字计算机应用于生产过程自动控制的桥梁，分别是这两者之间的输入、输出接口电路。

除计算机应用外，ADC是所有数字测量仪器的核心，因为一个模拟量要用数字量显示出来，必须要将模拟量转换成数字量。

在数字通信和遥控遥测中，也常将模拟量变换成数字量发送出去，在接收端则将接收到的数字量转换为模拟量。因此，ADC和DAC也是数字通信和遥控遥测系统中不可缺少的组成部分。

本章主要介绍A-D转换器和D-A转换器的基本原理，并介绍几种常见的DAC和ADC电路，并通过它们掌握其主要性能参数，根据性能、参数及使用要求，可通过查手册选取适用的DAC和ADC器件。

第一节 数-模转换器（DAC）

一、D-A转换器的基本概念

D-A转换器（DAC）是用以接收数字信息，输出一个与输入数字量成正比的电压或电流的电路。

（一）D-A转换器的主要特性和参数

1. 转换特性 DAC的转换特性是指其输出模拟量与输入数字量之间的转换关系。

理想的DAC转换特性应使输出模拟量与输入数字量成正比。如DAC输入的是一个 n 位二进制数 D（各位系数分别为 D_{n-1}、D_{n-2}、$\cdots D_1$、D_0），则 D 的数值应为

$$D = (D_{n-1}2^{n-1} + D_{n-2}2^{n-2} + \cdots + D_1 2^1 + D_0 2^0) = \sum_{i=0}^{n-1} D_i 2^i$$

DAC 电路的输出电压 u_O 和电流 i_O 应该是与 D 成正比的模拟量，即

$$u_O = k_u D = k_u \sum_{i=0}^{n-1} D_i 2^i$$

$$i_O = k_i D = k_i \sum_{i=0}^{n-1} D_i 2^i$$

式中，k_u 和 k_i 为转换比例系数，上式为转换特性表达式。

图 7-1 为表示 DAC 输入输出关系的框图，图 7-2 为输入三位二进制数的 DAC 电路的转换特性曲线（$u_O - D$ 或 $i_O - D$ 曲线）。

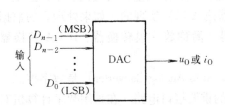

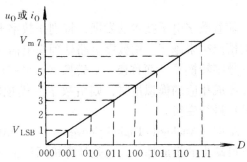

图 7-1　表示 DAC 输入输出关系的框图　　　图 7-2　三位二进制数输入的 DAC 转换特性

2. 分辨率　分辨率是说明分辨最小电压的能力，是指 DAC 的最小输出电压（对应于输入数字只有最低有效位为 1）与最大输出电压（对应于输入数字量所有有效位全为 1）之比。对于 n 位 DAC，其分辨率为 $1/(2^n - 1)$。例如对于一个 10 位的 DAC，其分辨率为

$$\frac{1}{2^{10}-1} = \frac{1}{1023} \approx 0.001 = 0.1\%$$

如果输出模拟电压满量程为 10V，那么，10 位 DAC 能分辨的最小电压为：

$$V_{LSB} = 10 \times \frac{1}{2^{10}-1} = 10 \times \frac{1}{1023} \approx 0.01\text{V}$$

式中，LSB 为最低有效位的缩写，V_{LSB} 指输入的最低位数字所对应的输出电压。

很显然，位数越高，分辨率也越高，所以，有时也用位数来表示分辨率。

3. 转换精度和非线性度　转换精度是指 DAC 输出的实际值和理论值之差，该值一般应低于 $\frac{1}{2}V_{LSB}$。

在满刻度范围内，偏离理想的转换特性的最大值称非线性误差，它与满刻度值之比称为非线性度，常用百分比来表示。如图 7-3 所示，DAC 输入-输出特性曲线理想情况下是一条直线，各个数字量与所对应的模拟量的交点必然位于这条直线上。实际上，转换器总存在着一些误差，因此，这些点并不是位于这条直线上，而产生了误差 ε。其中 ε_{max} 为误差中最大的一个，而非线性度则是 ε_{max} 与模拟输出量最大值的比值。

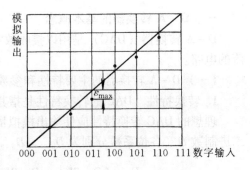

图 7-3　DAC 输入-输出特性

4. 建立时间 在输入数字量改变后，输出模拟量达到稳定值所需的时间称为 DAC 的建立时间或稳定时间，也称转换时间。

除了以上参数外，在使用 DAC 时，还必须知道工作电源电压、输出方式（电压输出型还是电流输出型等）、输出值范围和输入逻辑电平等，这些都可在手册中查到。

（二）集成 D－A 转换器的结构及分类

各种类型的集成 DAC 器件多由参考电压源、电阻网络和电子开关三个基本部分组成。

按电阻网络的结构不同，可将 DAC 分成 T 形 R－2R 电阻网络 DAC、倒 T 形 R－2R 电阻网络 DAC 及权电阻求和网络 DAC 等几类。由于权电阻求和网络中电阻值离散性太大，准确度不易提高，因此在集成 DAC 中很少采用。T 形 R－2R 电阻网络 DAC、倒 T 形 R－2R 电阻网络 DAC 中只有两种阻值的电阻，因此最适用于集成工艺，集成 DAC 普遍采用这种电路结构。倒 T 形 R－2R 电阻网络 DAC 在集成芯片中比 T 形 R－2R 网络 DAC 应用更广泛，因此，以下作重点介绍。

按电子开关的电路形式不同，集成 DAC 可分成 CMOS 开关 DAC 和双极型开关 DAC，双极型开关 DAC 又有晶体管电流开关型和 ECL 电流开关型之分。在速度要求不高的场合可选用 CMOS 开关 DAC，速度要求较高的场合选用晶体管电流开关型 DAC，在速度要求很高的场合，则要选择 ECL 电流开关型 DAC。

二、D－A 转换电路

（一）CMOS 开关倒 T 形电阻网络 D－A 转换器

常用的 CMOS 开关倒 T 形电阻网络 DAC 型号很多，如 AD7520、AD7521、DAC1020、DAC1021、DAC1220、DAC1221 等。我们以 AD7520 为例来介绍。

1. 电路形式 AD7520 是 10 位 CMOS 开关倒 T 形电阻网络 DAC，其原理电路如图 7-4 所示。基准电压 V_{REF} 需外接，芯片有 10 个输入端，分别输入 10 位二进制数 $D_9 \sim D_0$，它们分别控制十个 CMOS 电子开关 $S_9 \sim S_0$。当 $D_i = 1$ 时，电子开关 S_i 接 i_0 输出端，当 $D_i = 0$ 时，电子开关 S_i 接地。如要转换为模拟电压信号 u_0，还需外接运算放大器（点划线框内为内部电路，点划线框外为外接电路）。AD7520 内部有反馈电阻 $R_F = R = 10\text{k}\Omega$，运放反馈电阻可以用它，也可以外接其他阻值的电阻。

AD7520 集成电路的基准电源 V_{REF} 电压一般取 +10V。

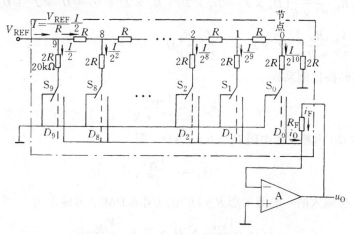

图 7-4 AD7520 原理电路

2. 倒 T 形 CMOS 电阻网络转换原理　由图 7-4 可见，$R - 2R$ 倒 T 形电阻网络有 $n = 10$ 位二进制数输入端，有 10 个节点，从节点 0 向右看有电阻 $2R$，从节点 1 向右看，也有等效电阻 $R + 2R // 2R = 2R$；依次类推，每个节点向右，均有等效电阻 $2R$。电路中的电子开关均由输入的二进制数码来控制，数码为 0 时，电子开关接地；数码为 1 时，电子开关接运算放大器虚地点。所以，各节点到地的等效电阻均为 R，这样，从基准电压 V_{REF} 流出的电流 $I = V_{REF}/R$ 保持恒定。此电流每经过一个节点，分为相等的两路电流流出，故流过 $2R$ 电阻的电流从高位到低位依次为：$I/2$（$I/2^1$）、$I/4$（$I/2^2$）、$I/8$（$I/2^3$）$\cdots I/2^8$、$I/2^9$、$I/2^{10}$。若 V_{REF} 保持恒定，电阻阻值也恒定不变，则每个支路的电流为恒流，并且其电流值与数字量的位权成正比。当某位输入数字 $D_i = 1$ 时，该位电子开关 S_i 将 $2R$ 中的电流引向运算放大器虚地，当 $D_i = 0$ 时，S_i 将电流引入地，故图中电子开关又称为电流开关。

综上所述，图 7-4 所示电路中，流入运算放大器虚地的总电流 i_O 为

$$i_O = D_9 \times \frac{I}{2} + D_8 \times \frac{I}{2^2} + D_7 \times \frac{I}{2^3} + \cdots + D_1 \times \frac{I}{2^9} + D_0 \times \frac{I}{2^{10}}$$

$$= \frac{I}{2^{10}}(D_9 \times 2^9 + D_8 \times 2^8 + D_7 \times 2^7 + \cdots + D_1 \times 2^1 + D_0 \times 2^0)$$

$$= \frac{V_{REF}}{R \times 2^{10}} \sum_{i=0}^{9} D_i \times 2^i$$

$$= \frac{V_{REF}}{R \times 2^{10}} D$$

式中，D 为输入二进制数的数值。

可以看出，模拟输出电流 i_O（流入运算放大器虚地）与 10 位二进制数的数值（即数字量）成正比，实现了数字/模拟电流的转换，其转换比例系数

$$k_i = \frac{V_{REF}}{2^{10} \times R}$$

接入运算放大器后，则可将数字量转换为模拟电压，运放的输出电压

$$u_O = -i_O R_F$$

$$= -R_F \frac{V_{REF}}{2^{10} \times R}(D_9 \times 2^9 + D_8 \times 2^8 + D_7 \times 2^7 + \cdots + D_1 \times 2^1 + D_0 \times 2^0)$$

$$= -\frac{V_{REF} R_F}{2^{10} \times R} \sum_{i=0}^{9} D_i \times 2^i = -\frac{V_{REF} R_F}{2^{10} \times R} D$$

因此，电压转换比例系数

$$k_u = -\frac{V_{REF} R_F}{2^{10} \times R}$$

若采用 AD7520 内部反馈电阻 $R_F = R = 10k\Omega$，则

$$k_u = -\frac{V_{REF}}{2^{10}}$$

对于具有 n 位输入的一般倒 T 形 $R - 2R$ 电阻网络 DAC，其输出为

$$i_O = \frac{V_{REF}}{R \times 2^n} \sum_{i=0}^{n-1} D_i \times 2^i = \frac{V_{REF}}{R \times 2^n} D$$

$$u_O = -\frac{V_{REF}R_F}{R \times 2^n}\sum_{i=0}^{n-1}D_i \times 2^i = -\frac{V_{REF}R_F}{R \times 2^n}D$$

为了保证 10 位 DAC 的转换精度，上式中的 V_{REF}、R_F、R 的精度均应优于 0.1%。

（二）高速电流输出型 D–A 转换器

CMOS 模拟开关 DAC 转换速度较低，建立时间较长，AD7520 的建立时间为 500ns 左右。在转换速度要求较高的场合，常选用双极型模拟开关（晶体管开关及 ECL 模拟开关）的高速电流输出型 DAC，其中最常见的是 DAC0800、DAC100 及 AD1408 等。

现以 DAC0800 为例作简单介绍，它的建立时间只有 100ns。

图 7-5 为 DAC0800 的原理框图。由图可见，它由 8 个高速电流开关 $S_0 \sim S_7$、10 个恒流管 VT_R、$VT_0 \sim VT_7$、VT'_0 及倒 T 形电阻网络组成。

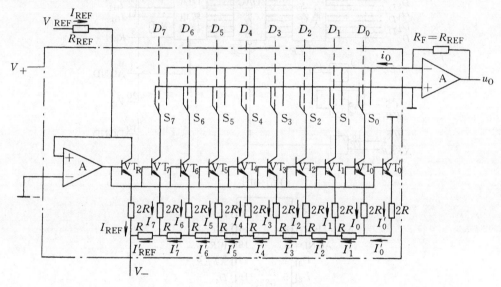

图 7-5 DAC0800 原理框图

图中，电子开关 S_i 受输入二进制数 D_i 的控制，当 $D_i = 1$ 时，S_i 打到右边，接 i_0 端；当 $D_i = 0$ 时，S_i 打到左边，接地。经分析可得（分析过程略）：总的输出电流 i_0 与输入数字量 D 成正比。

$$i_0 = D_7I_7 + D_6I_6 + \cdots + D_1I_1 + D_0I_0$$

$$= \frac{I_{REF}}{2^8}\sum_{i=0}^{7}D_i \times 2^i$$

$$= \frac{I_{REF}}{2^8}D = \frac{V_{REF}D}{2^8 \times R_{REF}}$$

若需实现数字–模拟电压的转换，则可外接由运算放大器构成的比例放大器，如点划线框外电路所示。

DAC0800 的电源电压 V_+ 可在 +5 ~ +18V 范围内变化，V_- 通常取 –15V，可在 –5 ~ –18V 范围内变化。

DAC0800 内部采用的高速电流开关由晶体管组成，构成电流开关的晶体管工作时不进入饱和区，是一种非饱和的双极型电流开关，属 ECL 电路（ECL 电路是一种非饱和型双极型逻辑电路，由于晶体管不进入饱和区，所以其工作速度很高）。DAC0800 的建立时间可短至 100ns 以下。

DAC0800 采用非饱和型高速电流开关的目的是为了提高 DAC 电路的转换速度，显然，它比 CMOS 开关 DAC 的速度高得多。

（三）集成 D-A 转换器举例

DAC 单片集成器件有很多产品。下面我们对 DAC0832 芯片的外引脚排列、功能、结构和使用作简单的介绍。

1. 电路结构　DAC0832 芯片的框图和引脚排列图如图 7-6 所示，它的建立时间为 1μs。

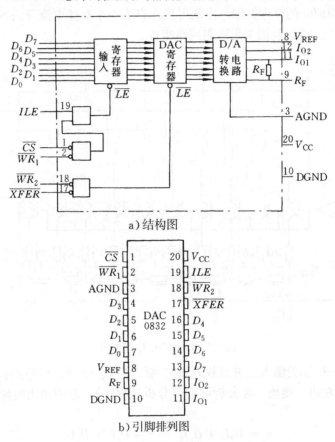

a）结构图

b）引脚排列图

图 7-6　DAC0832 芯片

DAC0832 芯片中的 D-A 转换电路如图 7-7 所示，该电路采用倒 T 形电阻网络。输入的 8 位数字信号 $D_7 \sim D_0$ 控制对应的 $S_7 \sim S_0$ 电子开关，芯片中无运算放大器，使用时需外加运放。DAC0832 有两路模拟电流输出 I_{O1} 和 I_{O2}，芯片中已设置了反馈电阻 R_F，使用时将 R_F 输出端接运算放大器的输出端即可。运算放大器的闭环增益不够时仍可外接反馈电阻与片内的 R_F 串联。

转换电路工作原理和 AD7520 相同：

$$I_{O1} = \frac{V_{REF}}{R \times 2^8}D = \frac{V_{REF}}{R \times 256}D$$

$$I_{O2} = \frac{V_{REF}}{R} \frac{255 - D}{256}$$

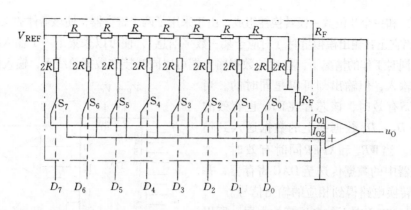

图 7-7　DAC0832 与运放组成的 D－A 转换电路

式中，D 为二进制数的数值（0 ~255），V_{REF} 为基准电压，R 为电阻网络中内部电阻的标称值，$R = 15\text{k}\Omega$。

2. 各引脚的名称和功能　DAC0832 有 20 个引脚，现将各引脚的名称与功能介绍如下。

$D_7 \sim D_0$：数据输入端，D_7 为最高位，D_0 是最低位。

I_{O1}：模拟电流输出端，当 DAC 寄存器全为 1 时，I_{O1} 最大；全为 0 时，I_{O1} 等于零。

I_{O2}：模拟电流输出端，一般接地。$I_{O2} + I_{O1} = \dfrac{V_{REF}}{R} \times \dfrac{255}{256}$，为常数（该常数与 V_{REF} 成正比）。当 DAC 寄存器全为 0 时，I_{O2} 最大；全为 1 时，I_{O2} 等于零。当输入的数据低电平表示 1 时，应从 I_{O2} 输出。

R_F：为外接运算放大器提供的反馈电阻的引出端（可以不用）。

V_{REF}：基准电压接线端，其电压范围为 $-10\text{V} \sim +10\text{V}$，通常取 $+5\text{V}$。

V_{CC}：电路电源电压接线端，其值为 $+5\text{V} \sim +15\text{V}$。

DGND：数字电路接地端。

AGND：模拟电路接地端，通常与数字电路接地端相连接。

$\overline{CS}$：片选输入端，低电平有效。当 $\overline{CS} = 1$ 时（如图 7-6a 所示，此时输入寄存器 $\overline{LE} = 0$），输入寄存器处于锁存状态，故该片未被选中，这时不接收信号，输出保持不变；当 $\overline{CS} = 0$，且 $ILE = 1$，$\overline{WR_1} = 0$ 时（即输入寄存器 $LE = 1$ 期间），输入寄存器才被打开，这时它的输出随输入数据的变化而变化，输入寄存器处于准备锁存新数据的状态。

ILE：输入允许信号端，高电平有效，即只有 $ILE = 1$ 时，输入寄存器才打开。它与 $\overline{CS}$、$\overline{WR_1}$ 共同控制来选通输入寄存器。

$\overline{WR_1}$：数据输入选通信号（或称写输入信号）端，低电平有效。在 $\overline{CS} = 0$ 和 $ILE = 1$（二者均有效）的条件下，$\overline{WR_1}$ 由 0 变 1 时，将数据总线上的当前数据锁存于输入寄存器中。

$\overline{XFER}$：数据传送控制信号端，低电平有效，用来控制 $\overline{WR_2}$ 选通 DAC 寄存器。当 $\overline{WR_2} = 0$、$\overline{XFER} = 0$ 期间，DAC 寄存器处于接收信号、准备锁存的状态，这时，DAC 寄存器的输出随输入而变。

$\overline{WR_2}$：数据传送选通信号端，低电平有效。当 $\overline{XFER}$ 有效时，在 $\overline{WR_2}$ 由 0 变 1 时，将输入寄存器的当前的数据锁存于 DAC 寄存器中。

3. 工作特点和使用方法　由 DAC0832 框图可见，它是由两个 8 位寄存器（输入寄存器和

DAC 寄存器）和一个 8 位数 – 模转换器组成。由于采用了两个寄存器，使该器件的操作具有很大的灵活性。当它正在输出模拟量时（对应于某一数字信息），便可以采集下一个输入数据。在多片 DAC0832 同时工作的情况下，各片的数据输入端可以同时接在数据总线上，输入信号可以分时、按顺序输入，但输出却可以是同时的。当 ILE 有效和 $\overline{CS}$ 有效时，该芯片在 $\overline{WR_1}$ 也有效的时刻，才将 $D_7 \sim D_0$ 数据线上的数据送入到输入寄存器中。当 $\overline{WR_2}$ 和 $\overline{XFER}$ 同时有效时，才将输入寄存器中的数据传送至 DAC 寄存器，并通过 D – A 转换电路得到相应的输出信号。

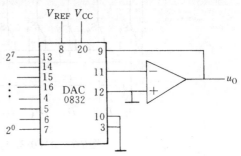

图7-8　DAC0832 与运算放大器的连接

由于 DAC0832 中不包含运算放大器，所以需要外接运算放大器，才能构成完整的 DAC。其接线图如图 7-8 所示。

第二节　模 – 数转换器（ADC）

一、A – D 转换器的组成及作用

将输入的模拟信号转换成数字量输出的装置，称为 A – D 转换器，简称 ADC。

（一）A – D 转换器的主要组成部分及其作用

在 A – D 转换器中，输入的模拟量在时间上是连续变化的信号，而输出则是在时间上、幅度上都是离散的数字量。要将模拟信号转换成数字信号，首先要按一定的时间间隔抽取模拟信号，即采样，然后将抽取的模拟信号保持一段时间，以便进行转换。一般采样和保持用一个电路实现，称为采样保持电路（sampling – hold circuit）。接着将采样保持下来的采样值进行量化（quantization）和编码（coding），转换成数字量来输出。因此，一般的 A – D 转换过程是通过采样、保持、量化和编码四个步骤来完成的。

1. 采样保持电路（S – H 电路）　采样就是对连续变化的模拟信号作等间隔的抽取样值，也就是对连续变化的模拟信号作周期性的测量。采样电路通常是一个受控的电子模拟开关，如图 7-9 所示。电子模拟开关在采样脉冲 u_S（t）的作用下作周期性的变化，当 u_S 为高电平时，S 闭合，输出 $u_O = u_I$；当 u_S 为低电平时，S 断开，输出 $u_O = 0$。

根据采样定理，理论上只要满足：$f_S \geq 2f_{Imax}$（式中，f_S 是采样频率，f_{Imax} 是信号中所包含最高次谐波分量的频率），就能将 u_O（t）不失真地还原成 u_I（t）。由于电路元件不可能达到理想要求，通常 f_S 需大于（$5 \sim 10$）f_{Imax}，才能保

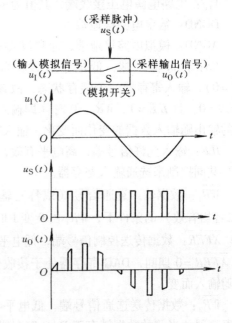

图7-9　采样示意图及其波形

证还原后信号不失真。

由于采样脉冲的宽度很小，会使量化装置来不及反应，所以需要在采样门之后加一个保持电路，如图 7-10 所示，它实际上就是一个存储电路，通常利用电容器 C 的存储电荷（电压）的作用来保持取样后的样值。

最简单的采样保持电路如图 7-11 所示。场效应晶体管 VF 为采样门，高质量的电容器 C 为保持元件，高输入阻抗的运算放大器 A 作为跟随器起缓冲隔离负载的作用。

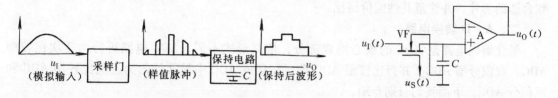

图 7-10　采样保持电路示意图及波形　　　　图 7-11　采样保持电路

假定 C 的充电时间远小于采样脉冲宽度，不考虑电容 C 的漏电，运算放大器 A 的输入阻抗及场效应晶体管的截止阻抗均趋于无穷大，该电路就成为较理想的采样保持电路。

2. 量化编码电路　我们知道，任何一个数字量的大小都是以某个规定的最小数量单位的整数倍来表示的。因此，用数字量来表示采样信号时，也必须把它转化成这个最小数量单位的整数倍，这个转化过程叫量化，所规定的最小数量单位叫做量化单位，用 S 表示。

将量化的数值用二进制代码表示，称为编码。这个二进制代码便是 A-D 转换器的输出信号。

量化的方法一般有两种形式：

1）舍尾取整法　当 u_I 的幅度在某两个相邻量化值之间，即 $(K-1)S \leqslant u_I < KS$（式中 S 为量化单位，K 为整数）时，取 u_I 的量化值为

$$U_I^* = (K-1)S$$

U_I^* 称为 u_I 的量化值。例如：已知 $S = 1V$，$u_I = 2.8V$，则 $U_I^* = 2V$；而 $u_I = 5V$ 时，则 $U_I^* = 5V$。

2）四舍五入法　当 u_I 的尾数不足 $S/2$ 时，则舍去尾数，U_I^* 取其原整数；当 u_I 的尾数大于 $S/2$ 时，则其量化值 U_I^* 为原整数加一个 S。例如，已知 $S = 1V$，$u_I = 3.4V$，则 $U_I^* = 3V$；$u_I = 4.8V$，则 $U_I^* = 5V$。

不论采取何种量化方法，量化过程会不可避免地使量化量和输入模拟量之间存在着误差，这种误差称量化误差。不同的量化方法产生的误差也不同，用舍尾取整法量化时，最大量化误差为 $1S$，用四舍五入法量化时，最大量化误差为 $S/2$。所以，绝大多数 ADC 集成电路均采用四舍五入量化方式。

若要减小量化误差，就应在测量范围内减小量化单位 S，这就要增加数字量的位数，从而使编码电路复杂。因此，究竟需要分多少个量化级，输出数字量采用多少位，应根据实际需要而定。

（二）集成 A-D 转换器的主要参数

1. 分辨率　其含义与 DAC 的分辨率一样，通常也可用位数来表示，位数越多，分辨率（有时也称分辨力）也越高。

2. 准确度 ADC 的准确度取决于量化误差（$\pm LSB/2$）和系统内其他误差之和，通常以最大误差与全量程输入模拟量的比值来表示。例如，典型的准确度为全量程读数的 $\pm 0.05\%$，它表示如果输入模拟量全量程为 10V，则最大误差为 5mV。

3. 转换时间 完成一次 ADC 操作所需的时间为转换时间。它是指接收到转换控制信号至输出端得到稳定的数字输出所经历的时间间隔。

其他指标还有输入模拟电压范围、稳定性、电源功率消耗等参数。在选用时务必挑选参数合适的芯片，并注意其性能价格比。

二、A – D 转换电路

量化编码电路是 ADC 的核心组成部分，依其形式不同，ADC 电路可分为逐次比较型 ADC、双积分型 ADC、并行比较型 ADC 等。在集成 ADC 中最常见的为逐次比较型 ADC 和双积分 ADC，下面我们分别介绍。

（一）逐次比较型 A – D 转换器

逐次比较型 A – D 转换器又称为逐次逼近型 ADC 或逐次渐近型 ADC，它是通过对模拟量不断地逐次比较、鉴别，它类似于用天平称量物重的过程。

逐次比较型 A – D 转换器原理框图如图 7-12 所示。它是由数码寄存器、D – A 转换器、电压比较器和控制电路等四个基本部件组成的。时钟脉冲先将寄存器的最高位置 1，使其输出数字为 10000000（设寄存器为 8 位），经内部的 D – A 转换器转换成相应的模拟电压 u_F，再送到比较器与采样保持电压 u_I 相比较。如果 $u_I < u_F$，表明数字过大，于是将最高位的 1 清除，变为 0；若 $u_I > u_F$，表明寄存器内的数字比模拟信号小，则最高有效位的 1 保留。然后再将次高位寄存器置 1，同理，寄存器的输出经 D – A 转换并与模拟信号比较，根据比较结果，决定次高位的 1 清除或保留。这样，逐位比较下去，一直比较到最低有效位为止。显然，寄存器的最后数字就是 A – D 转换后的数值。

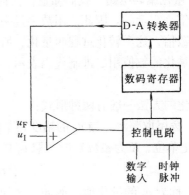

图 7-12 逐次比较型 A – D 转换器原理框图

这种 ADC 的主要特点是电路简单，只用一个比较器，而速度、准确度都较高。因此，这种电路应用较多。

（二）双积分 A – D 转换器

双积分型 ADC 又称积分比较型 ADC，它的基本原理是先把输入的模拟信号电压变换成一个与其成正比的时间，然后在这段时间里对固定频率的时钟脉冲进行计数，该计数结果就是正比于输入模拟信号的数字量输出。

1. 电路组成框图 双积分型 ADC 的框图如图 7-13 所示。它由基准电压、积分器、比较器、计数器、时钟信号源和逻辑控制电路等几部分组成。

2. 工作原理 下面结合图 7-14 所示双积分比较型 ADC 的工作波形讨论其工作原理。

1）第一阶段转换（第一次积分） 在转换前，接通开关 S₂ 使电容 C 充分放电，同时使计数器清零。

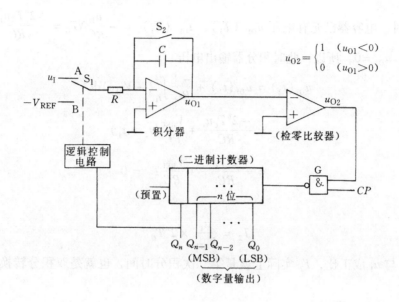

图 7-13 双积分 ADC 原理框图

在转换开始（$t = 0$）时，令开关 S_1 接通模拟电压输入端 u_I，同时断开 S_2，此时，u_I 送入积分器进行积分。积分器输出电压

$$u_{O1}(t) = -\frac{1}{RC}\int_0^t u_I \mathrm{d}t = -\frac{u_I}{RC}t$$

因积分器输出电压 u_{O1} 是自零向负方向变化（$u_{O1} < 0$），所以比较器输出 $u_{O2} = 1$，门 G 选通，周期为 T_C 的时钟脉冲 CP 使计数器从零开始计数，直到 $Q_n = 1$（计数器其余各位为 0，即 $Q_n Q_{n-1} \cdots Q_0 = 1000\cdots0$），驱动控制电路使开关 S_1 接通基准电压 $-V_{REF}$，这段时间就是第一次积分时间 T_1，见图 7-14 所示。所以

$$T_1 = 2^n T_C = NT_C$$

$$u_{O1}(T_1) = -\frac{u_I}{RC}T_1 = -\frac{u_I}{RC}NT_C$$

式中，T_C 为时钟脉冲的周期，N 为计数器的容量，NT_C 为第一次积分时间，等于常数。

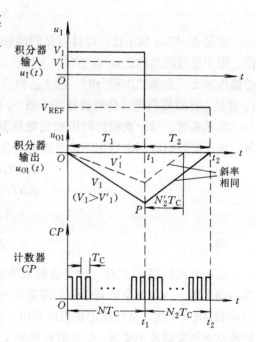

图 7-14 双积分型 ADC 的工作波形

因此，积分输出电压 $u_{O1}(T_1)$ 与输入电压 u_I 成正比。

2）第二阶段转换（第二次积分）当 S_1 接通基准电压 $-V_{REF}$ 后，就开始第二次积分，即对基准电压 $-V_{REF}$ 进行反向积分。双积分型 ADC 要求基准电压必须和输入电压反相。因 u_{O1} 初值为负，u_{O2} 为高电平，计数器又从 0 开始计数。设计数器计数至第 N_2 个脉冲时，积分器输出电压 u_{O1} 反向积分到零，检零比较器的输出 $u_{O2} = 0$，门 G 关闭，停止计数。由于第一次积分结束时，电容器已充有电压 u_{O1} （T_1），u_{O1} （T_1） $= -\dfrac{u_I}{RC}NT_C = -\dfrac{2^n T_C u_I}{RC}$，而第二次积分结束时，$u_{O1} = 0$，所以，此时积分器输出电压

$$u_{O1}(t_2) = u_{O1}(t_1) + \frac{-1}{RC}\int_{t_1}^{t_2}(-V_{REF})\mathrm{d}t$$

$$= \frac{-2^n T_C u_I}{RC} + \frac{V_{REF}}{RC}(t_2 - t_1)$$

$$= \frac{-2^n T_C u_I}{RC} + \frac{V_{REF}}{RC}T_2 = 0$$

得

$$T_2 = \frac{u_I}{V_{REF}} \times 2^n T_C$$

可见 T_2 与 u_I 成正比，T_2 实际上就是第二次积分时间，也就是双积分转换电路的中间变量。

因为 $T_2 = N_2 T_C$，所以

$$N_2 = \frac{u_I}{V_{REF}} \times 2^n$$

可见 N_2 与 u_I 成正比，即计数器的读数与输入模拟电压 u_I 成正比，从而实现了 A – D 转换。图中虚线画出的是 u_I 较小时的工作波形。可以看出，u_I 越大，第一次积分后 u_{O1}（T_1）的值也越大，而第二次积分时，因 V_{REF} 恒定不变，所以 u_{O1} 的斜率不变，即 u_{O1}（T_1）越大，T_2 越长，计数器所累计的时钟脉冲个数 N_2 的值也越大。

简单来看，第一次积分时电容充电得到的电荷和第二次积分时电容放电失去的电荷相等，由于充放电时间常数相等，充放电电流与积分电路的输入电压成正比，所以

$$u_I T_1 = V_{REF} T_2$$
$$u_I N T_C = V_{REF} N_2 T_C$$
$$u_I N = V_{REF} N_2$$

即：

$$N_2 = \frac{u_I}{V_{REF}}N \qquad （式中 N 为计数器的容量）$$

在积分比较型 ADC 中，由于在输入端使用了积分器，交流干扰在一个周期中的积分结果趋向于零，所以对交流有很强的抑制能力，最好使第一次积分时间 T_1 为 20ms 的整数倍，以抑制 50Hz 干扰。从公式中也可以看出，由于两次积分使用的是同一个积分常数 RC，所以转换结果和准确度不受 R、C 及时钟周期 T_C 数值变化的影响。它的主要缺点是工作速度较低，一般用于高分辨率、低速和抗干扰能力强的场合，如数字万用表以及低速工业自动化设备仪表中。它与计算机接口时要考虑速度是否符合要求。

* **（三）集成 A – D 转换器 ADC0809 简介**

1. 结构　ADC0809 是单片 8 位 8 路 CMOS A – D 转换器，其框图如图 7-15a 所示，图 7-15b 是 ADC0809 芯片外引线排列图。

2. 工作原理　ADC0809 的框图中，由 8 位模拟开关、地址锁存与译码器组成的 8 通道模拟选择器，用来接收 8 路外加采样模拟信号，而模拟开关则受地址锁存与译码器控制。当

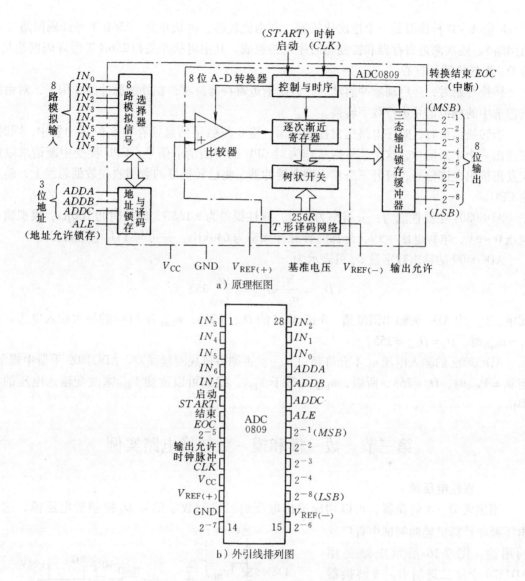

图 7-15 ADC0809 原理框图和外引线排列图

地址锁存允许端（ALE）为高电平时，三位地址 ADDC、ADDB、ADDA 送入译码器，译码器根据地址选中一路开关接通，相应的模拟信号送入 A－D 转换器，地址译码与输入选通的关系见表 7-1。

表 7-1 ADC0809 地址译码器真值表

地 址			被选模拟通路	地 址			被选模拟通路
C	B	A		C	B	A	
0	0	0	IN_0	1	0	0	IN_4
0	0	1	IN_1	1	0	1	IN_5
0	1	0	IN_2	1	1	0	IN_6
0	1	1	IN_3	1	1	1	IN_7

8 位 A – D 转换器是一个逐次比较器。它由比较器、树状开关、256R T 形译码网络（电阻网络）、逐次渐近寄存器和控制与时序电路组成。其中树状开关和 256R T 形译码网络是 8 位 D – A 转换器的核心。

转换开始时，经启动脉冲启动后，逐次渐近寄存器清零，在外加脉冲的作用下，对由译码器选中的模拟信号进行数字转换。

当转换结束时，时序电路送出控制信号，将 8 位数字信息锁存在 8 位缓冲器中，同时，它送出一个中断信号，这个信号通常作为对 CPU 的中断请求信号。CPU 接受中断请求以后应发出输出允许信号，打开三态输出锁存缓冲器，将已转换好的数据放在数据总线上，输入给 CPU。

ADC0809 主要性能为：分辨率为 8 位，线性误差为 ±1LSB，转换时间 100μs，模拟输入电压 0 ~ 5V，电源电压 +5V，外加时钟脉冲频率为 640kHz，并可与 TTL 电路兼容。

ADC0809 的输出数字量 D_x 可表示为

$$D_x = \frac{u_I}{u_{Imax}}D_{max} = \frac{u_I}{V_{REF}}255$$

式中，D_{max} 为 ADC 的输出满度值，8 位 ADC 的 $D_{max} = 255$；u_{Imax} 为 ADC 的最大输入电压，在 $u_I = u_{Imax}$ 时，$D_x = D_{max} = 255$。

ADC0809 的输入电压 u_I 不允许超过 u_{Imax}，否则将造成测量误差。ADC0809 手册中规定，当 $u_I = V_{REF}$ 时，$D_x = 255$，所以，u_{Imax} 又等于 V_{REF}，我们可以改变 V_{REF} 来改变输入电压的上限值。

第三节 数 – 模和模 – 数转换电路实例

一、程控电压源

用集成 D – A 转换器，可以构成输出电压由二进制数字信号 D_I 控制的电压源，这种电压源在计算机辅助测试中有广泛的用途。图 7-16 所示电路是用 AD7520 十位二进制 D – A 转换器构成的可输出 1024 个电压电平的程控电压源。图中，基准电压用 LM385 产生，LM385 为微功耗稳压二极管，有两种电压规格：1.235 和 2.500V，这里采用 2.500V 规格的二极管。

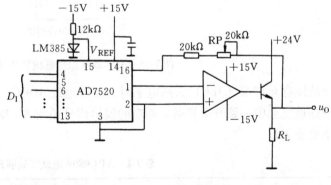

图 7-16　程控电压源

本电路的调节可按以下步骤进行：先使 D_I 全置"0"输入，调节运放调零电路，使 $u_O = 0$，然后使 D_I 输入全为"1"，调节 RP 使 $u_O = 10.23V$，这样，就使本电路有 1024 个电平输出，每一阶 10mV，随 D_I 数字量的变化而变化。

二、程控电流源

在自动控制和测量中，常需要一种精密的电流源，其输出电流用数字量控制，这种电流源称为程控电流源。图 7-17 所示电路是用一个 AD7520 和一个四运放 LM324 构成的程控电流源电路，其输出电流 i_O 和 D_I 成正比。

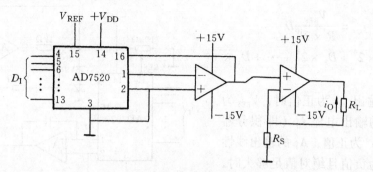

图 7-17　程控电流源

三、程控衰减器——数字音量控制电路

图 7-18 所示电路是由一个 10 位二进制 D-A 转换电路 AD7520 构成的程控衰减器，其增益由二进制数字量控制。放大器 A 的输出 u_O 可用下式表示：

$$u_O = -\frac{V_{REF}R_F}{2^{10}R}\sum_{i=0}^{9}D_i \times 2^i = -\frac{V_{REF}R_F}{2^{10}R}D$$

式中，$V_{REF} = u_I$，$R_F = R$。

得　$u_O = -\dfrac{D}{2^{10}}u_I$

设 $D_I = D/2^{10}$，有 $0 \leqslant D_I < 1$。

得　$u_O = -D_I u_I = A_u u_I$

$$A_u = -D_I$$

改变图中输入数字量 D，可以使 u_O 在 $0 \sim u_I$ 之间变化。图 7-18 电路可用于数字式音量控制系统，并有

$$A_u(\text{dB}) = 20\log D_I$$

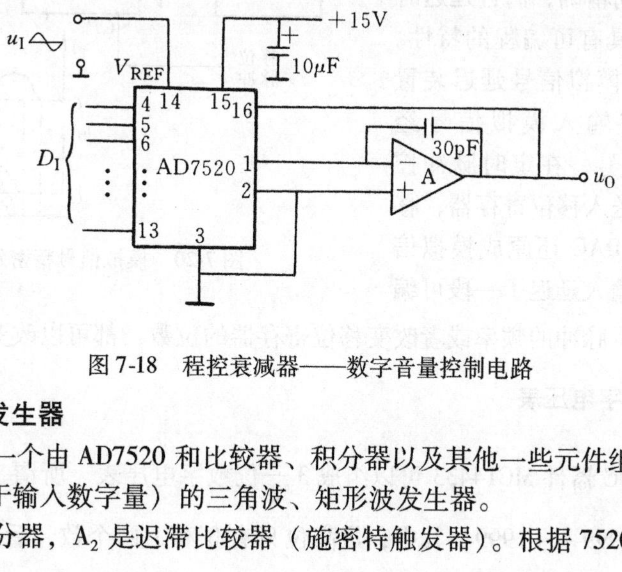

图 7-18　程控衰减器——数字音量控制电路

四、程控函数发生器

图 7-19 所示为一个由 AD7520 和比较器、积分器以及其他一些元件组成的输出频率可程控（输出频率正比于输入数字量）的三角波、矩形波发生器。

图中，A_1 为积分器，A_2 是迟滞比较器（施密特触发器）。根据 7520 的工作原理可知，

其输出电流 i_0 即积分器的输入电流 i_I 应为

$$i_I = i_0 = \frac{V_{REF}}{R \times 2^{10}} D$$

式中，$D = D_9 \times 2^9 + D_8 \times 2^8 + \cdots + D_1 \times 2^1 + D_0 \times 2^0$。

当 A_2 的输出 u_{O2} 为正值时，V_{REF} 为正，AD7520 的输出电流 i_0（即积分器的输入电流 i_I）为正值，A_1 的输出线性下降，当 u_{O1} 为负值且绝对值足够大时，A_2 的同相输入端电位将小于零，其输出 u_{O2} 将翻转为负值。当 A_2 的输出 u_{O2} 翻转为负值后，V_{REF} 为负，7520 的输出电流

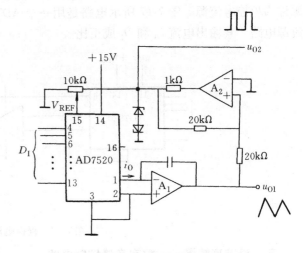

图 7-19　程控函数发生器电路

i_0（即积分器的输入电流 i_I）为负值，A_1 的输出线性上升，当 u_{O1} 为正值且足够大时，A_2 的同相输入端电位将大于零，其输出 u_{O2} 将重新为正值。循环往复……。

由以上分析可知，A_1 的输出 u_{O1} 应为周期性的三角波，A_2 的输出 u_{O2} 应为周期性的矩形脉冲。

因为 i_0 正比于 D，所以输入数字量 D 越大，i_0 越大，A_1 的输出变化也越快，输出信号的频率也越高。故改变数字量可实现对输出信号频率的调整。另外调节 V_{REF} 的大小，也可以调节输出信号的频率。

五、模拟信号精密延迟电路

一些音响设备中，为了获得各种音响效果，往往要将放送的信号加以延迟。在卡拉 OK 电路中，经常用到这种电路。以往的音频或视频模拟信号延迟大多采用 RC、LC 电路或其他元件来实现，但这些延迟装置不仅实现时间控制困难，而且控制时间不能随意改变。

改用 ADC 和 DAC，则可使这类延迟装置不仅延迟时间精确，而且延迟时间能随意改变，即具有可编程的特性。图 7-20 所示为这种模拟信号延迟装置的原理框图。它将输入模拟信号经ADC 转换成数字信号，在定时脉冲控制下，数字信号被送入移位寄存器，移位后的数字输出经 DAC 还原成模拟信号，从而使输出较输入延迟了一段可编

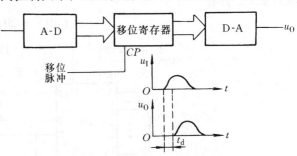

图 7-20　模拟信号精密延迟电路

程的时间。改变移位脉冲的频率或者改变移位寄存器的位数，都可以改变延迟时间。

*六、$3\frac{1}{2}$ 位数字电压表

用集成单片 ADC 器件 MC14433 可以组成 $3\frac{1}{2}$ 位数字电压表。所谓 "$3\frac{1}{2}$ 位" 是指该电压表显示范围为 $-1999 \sim +1999$，其中，最高位只有 0 和 1 两个数，后三位可以是 $0 \sim 9$ 的

任意整数。

MC14433 是双积分原理的 $3\frac{1}{2}$ 位 BCD 码输出的 A-D 转换器，采用少数的外围元器件就可以组成数字电压表。MC14433 性能稳定，抗干扰能力强，内部具有自动调零功能，准确度高，适用于构成各种工业数字显示仪表。图 7-21 是 LED 显示的 $3\frac{1}{2}$ 位数字电压表原理图。

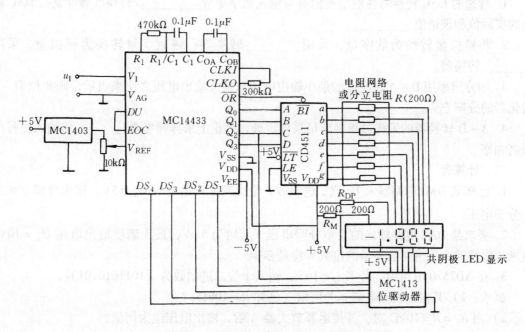

图 7-21 LED 显示的 $3\frac{1}{2}$ 位数字电压表原理图

图中，CD4511 锁存译码驱动器作七段译码驱动用。MC1403 为"能隙"基准电压源电路（输出电压为 2.5V），向 MC14433 提供非常稳定的基准电压 V_{REF}。MC1413 为达林顿晶体管驱动器，将第一至第四位选通输出信号端（$DS_1 \sim DS_4$）的扫描输出信号经 MC1413 缓冲后驱动各位数码管的阴极，使四位数码管在 $DS_1 \sim DS_4$ 的控制下快速轮流扫描显示。

若要求满量程为 1.999V，V_{REF} 调节为 2V。

若要求满量程为 199.9mV，只要把 V_{REF} 调节到 200mV，R_1 由 470kΩ 变为 27kΩ，并把小数点接地点位置移动即可。

本 章 小 结

本章讨论了数字集成电路的另一类部件——DAC 和 ADC，它们是现代数字系统中的重要组成部分，是沟通模拟量和数字量的桥梁。

在 DAC 中，由于倒 T 形电阻网络 DAC 中只有两种阻值的电阻，因此最适用于集成工艺，集成 DAC 普遍采用这种电路结构。根据电子开关的电路类型不同，有工作速度较低的 CMOS 开关 DAC 和工作速度较高的双极型开关 DAC。

在 ADC 中，本章讨论了应用较多、转换较快的逐次比较型 ADC 以及抗干扰能力强、精度高的双积分 ADC，使用时，应注意发挥器件的特点，做到既经济又合理。

目前，ADC 和 DAC 转换器的发展趋势是高速度、高分辨率、易与微型计算机接口，以满足各个领域对信息处理的要求。

练 习 题

一、填空题

1. 理想的 DAC 转换特性输出模拟量与输入数字量成_____。转换准确度是指 DAC 输出的实际值和理论值_____。

2. 将模拟量转换为数字量，采用_____转换器；将数字量转换为模拟量，采用_____转换器。

3. 如分辨率用 D – A 转换器的最小输出电压与最大输出电压之比来表示，则 8 位 D – A 转化器的分辨率为_____。

4. A – D 转换器的采样过程要满足采样定理，理论上采样频率要_____倍输入信号的最高频率。

二、计算题

1. 已知某 DAC 电路输入 10 位二进制数，最大满度输出电压 $U_m = 5V$，试求分辨率和最小分辨电压。

2. 要求某 DAC 电路输出的最小分辨电压 V_{LSB} 约为 5mV，最大满度输出电压 $U_m = 10V$，试求该电路输入二进制数字量的位数 n 应是多少？

3. 在 AD7520 电路中，若 $V_{REF} = 10V$，输入十位二进制数为 $(1011010101)_2$，

试求：1）其输出模拟电流 i_0 为何值（已知 $R = 10k\Omega$）？

2）当 $R_F = R = 10k\Omega$ 时，外接运算放大器 A 后，输出电压应为何值？

4. 设 $V_{REF} = +5V$，采用 DAC0832 进行数模转换，外接运放，I_{O1} 接运放反相输入端，I_{O2} 接运放同相输入端并接地，采用内部反馈电阻 R_F（与内部电阻 R 相等），试计算当 DAC0832 的数字输入量分别为 7FH、81H、F3H 时（后缀 H 的含义是指该数为十六进制数）的模拟输出电压值。

5. ADC 转换有哪两种量化方式？它们的转换误差各为多少？哪种量化方式好些？

6. 双积分型 ADC 中的计数器若做成十进制，其计数容量为 2000，即从 0 开始计数，第 2000 个脉冲使计数器产生一个进位信号，同时计数器清零，已知时钟脉冲频率 $f_C = 10kHz$，则完成一次转换最长需要多长时间？若已知计数器的计数值 $N_2 = (369)_{10}$，基准电压 $-V_{REF} = -6V$，此时输入电压 u_I 有多大？

7. 某 8 位 ADC 输入电压范围为 $0 \sim +10V$，当输入电压为 4.48V 和 7.81V 时，其输出二进制数各是多少？该 ADC 能分辨的最小电压变化量为多少 mV？

8. 在双积分型 ADC 中，若计数器为 8 位二进制计数器，CP 脉冲的频率 $f_C = 10kHz$，$-V_{REF} = -10V$。

1）计算第一次积分的时间；

2）计算 $u_I = 3.75V$ 时，转换完成后，计数器的状态；

3）计算 $u_I = 2.5V$ 时，转换完成后，计数器的状态。

*9. 设 $V_{REF} = 5V$，当 ADC0809 的输出分别为 80H 和 F0H 时，求 ADC0809 的输入电压 u_{I1} 和 u_{I2}。

*第八章　半导体存储器和可编程逻辑器件

半导体存储器（semiconductor memory）是一种能存储大量二进制数据信息的半导体器件。在电子计算机以及一些数字系统的工作过程中，需要对大量的数据进行存储，因此存储器是数字系统的重要组成部分。

可编程逻辑器件（Programmable Logic Device，PLD）是一种新型的集成电子器件，是集成电路发展史上的一次飞跃，它的出现给数字系统的设计和开发带来了极大的方便，其应用也越来越广泛。

第一节　半导体存储器

半导体存储器具有存储密度高、速度快、功耗低等一系列优点。它不仅能用来存储数据，而且能实现组合逻辑函数。从信息的存取看，半导体存储器可分为只读存储器（Read Only Memory，简称 ROM）、随机存取存储器（Random Access Memory，简称 RAM，又称读写存储器）和快闪存储器（Flash Memory，简称 FLASH）三种类型。随机存取存储器在正常工作时可以随时根据地址向存储器中写入数据或从中读取数据。与 RAM 不同的是，ROM 的数据在写入以后不能用简单、迅速的方法随时更改，因此，在正常运行时，它所存储的数据是固定不变的，即只能读出，一般情况下不能写入（改写）。快闪存储器简称闪存，它同时具有 ROM 和 RAM 的特点，从基本工作原理上来看，它属于 ROM 型存储器，但它可以轻易地随时改写数据信息，所以从功能上它又相当于 RAM。

一、只读存储器

ROM 的种类很多，按所用器件类型的不同可分为二极管 ROM、双极型 ROM 和 MOS 型 ROM 三种；按存储内容的写入方式又可分为固定 ROM，可编程 ROM 和可擦可编程 ROM 三种。

（一）固定 ROM

固定 ROM 又称为掩膜 ROM，其存储的内容是在制造时利用掩模技术根据用户的要求制造的，出厂后不能更改。固定 ROM 主要由地址译码器、存储单元矩阵和输出电路三部分组成。固定 ROM 可用二极管、双极型管和 MOS 管等三种器件来构成存储单元。ROM 的容量以［字节数］×［每个字的位数］来表示。现以最简单的 NMOS4×4（4 字节，每字节 4 位二进制数）存储矩阵为例，说明 ROM 的原理。其原理图如图 8-1 所示。

图中，ROM 有两根地址输入线 A_1、A_0，经地址译码后有四根译码输出线，称为字选择线（简称字线）W_0、W_1、W_2、W_3。其中 $W_0 = \overline{A_1}\,\overline{A_0}$，$W_1 = \overline{A_1}A_0$，$W_2 = A_1\overline{A_0}$，$W_3 = A_1A_0$，另

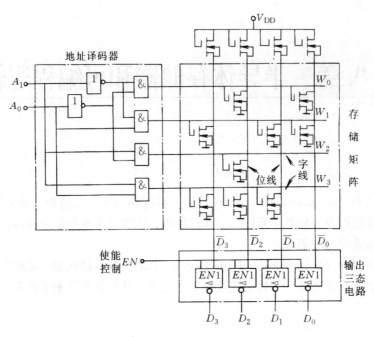

图 8-1　NMOS 的固定 ROM

外还有四条位线（或称数据线）$\overline{D}_0$、$\overline{D}_1$、$\overline{D}_2$、$\overline{D}_3$，位线信号经反相后，即为 ROM 的输出 D_0、D_1、D_2、D_3。图中由三态缓冲器构成的输出电路除实现逻辑非功能外，还可以提高其带负载能力，另外，利用其三态控制功能可以将 ROM 的输出端直接与系统的数据总线相连。

图中每根字线与每根位线的交叉处是一个基本存储单元，存储一位二进制信息。图中共有 16 个单元，交叉处设置有 MOS 管的单元存储 1，没有 MOS 管的单元存储 0。例如当地址信号 $A_1A_0 = 01$ 时，W_1 为高电平（意味着该字被选中），其他字线为低电平，由于字线 W_1 与位线 $\overline{D}_3$、$\overline{D}_1$、$\overline{D}_0$ 交叉处都有 MOS 管，MOS 管导通，使位线 $\overline{D}_3$、$\overline{D}_1$、$\overline{D}_0$ 均为低电平；由于字线 W_1 与位线 $\overline{D}_2$ 交叉处无 MOS 管，因而位线 $\overline{D}_2$ 为高电平。在读出数据时，$EN = 1$ 就可经输出三态缓冲器反相得到 $D_3D_2D_1D_0 = 1011$；当 $EN = 0$ 时，不管地址输入 A_1A_0 是什么，四个输出端均是高阻态。

四个字的存储内容是由用户来决定的，图 8-1 所示 ROM 存储的内容见表 8-1。

可以看出，从概念上说，ROM 是组合逻辑电路。

表 8-1　图 3 – 38 固定 ROM 的存储内容

地　　址		内　　容			
A_1	A_0	D_3	D_2	D_1	D_0
0	0	0	1	0	1
0	1	1	0	1	1
1	0	1	1	0	0
1	1	1	1	1	0

（二）可编程只读存储器（PROM）

对于固定 ROM 来说，在制造存储矩阵时，厂家需根据存储内容的要求设计掩模版，制作周期较长，在使用过程中，内容不能作任何变动，因此，只有产品批量较大时，才适宜做成固定 ROM 的形式。这种 ROM 适用于通用的固定程序，如指令操作、固定程序控制、字符显示等。对于有特定要求的小批量产品，或是尚在研制过程中的产品，用固定 ROM 是不经济的，因而采用 PROM 或 EPROM 为宜。下面介绍可编程 ROM（Programmable Read Only Memory，简称 PROM）的结构。它多数也是根据用户的要求，由厂家将数据写入的。

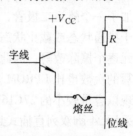

图 8-2 所示是一种常见的双极型熔丝结构的 PROM 单元电路。晶体管的集电极连至电源，其基极和字线相连，发射极经过熔丝和位线相连，熔丝可以是镍铬合金或多晶硅材料。在每根字线和每根位线的交叉处都有一个这样的单元。出厂时，熔丝全部接通，管子发射极全部和位线相连，即存储单元都是 1，用户在使用前，根据需要存储的内容，对选中的单元通以足够大的电流，将熔丝烧断即可，由于熔丝烧断后不能再恢复，所以某一单元改写为 0 后，就不能再改写为 1 了，因此，这是一种不可重写的 ROM。PROM 还有其他的结构，这里就不一一介绍了。

图 8-2 双极型 PROM 单元

（三）可擦可编程只读存储器（EPROM）

由于普通 PROM 的内容在写入后不能更改，所以如果在编程（写入）过程中出错，或者经过实践后需要对其中内容作修改，那就只能用一片新的 PROM 再编程。为解决这一问题，经常使用现场可擦可编程只读存储器（Erasable Programmable Read Only Memory，简称 EPROM）。

在常见的 EPROM 芯片中，大多采用浮栅雪崩注入型 MOS 器件（Floating－gate Avalanche－injection Metal Oxide Semiconductor，FAMOS）作存储元件。FAMOS 基本上是一个 P 沟道硅栅 MOS 管，其特点是它的栅极完全被 SiO_2 隔离（包围），处于悬浮状态，因此称为"浮置栅"。浮置栅上本来是不带电的，因而在漏源极之间没有导电沟道，FAMOS 管处于截止状态。但是，如果在漏源之间加上比较大的负电压（如 $-20V$），则可使衬底和漏极之间的 PN 结产生雪崩击穿，使一部分电子注入浮置栅，当浮置栅获得足够多的电子（负电荷）后，就会在漏源极之间产生 P 型导电沟道。浮置栅中的电子由于没有放电回路，因而能够长期保存。这就是写入过程的物理基础。如果用紫外线照射 FAMOS 管一定的时间，浮置栅上积累的电子将形成光电流而泄放，从而使导电沟道消失，管子又恢复为截止状态，这就是允许改写的物理基础。为了便于这种清除，芯片的封装外壳装有透明的石英盖板。采用 FAMOS 管的 EPROM 存储单元由一个 MOS 管和一个 FAMOS 管串联组成，如图 8-3 所示。

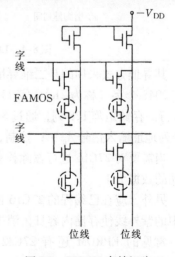

图中，普通 MOS 管的栅极由字线控制，产品出厂时，所有 FAMOS 管都处于截止状态。用户在写入时，如果某字线与位线的交叉处实际上应该有管子，就在选中所在字线的同时，在所在位线上加负脉冲电压，使相应的 FAMOS 管击穿，在浮置栅上注入电子，FAMOS 管就处于导通状态；如果某交叉处实际上不应该有管子，就不在所在的位线上加负脉冲电压，FAMOS 管就处于截止状态。

图 8-3 EPROM 存储矩阵

如果要对一片已编程的 EPROM 进行改写，可把它放在专门装置"EPROM 擦洗器"中用紫外线照射一定时间（例如 20min），使所有 FAMOS 管恢复到截止状态，写入的程序也就被擦去，这样，经过照射后的 EPROM 又可以重新写入新的程序。

还有一种电可擦除的可编程只读存储器，称为 EEPROM（Electrically Erasable Programmable Read – Only Memory，也写作 E^2PROM），它的存储结构类似于 EPROM，只是它的浮栅上增加了一个隧道二极管，利用它由编程脉冲控制向浮栅注入电荷或泄放电荷，使 FAMOS 管处于导通状态或截止状态，从而实现电写入信息和电擦除信息。这种 EEPROM 可以对存储单元逐个擦除改写，因此它可以边擦除边写入，一次完成，速度比 EPROM 快得多，可重复改写的次数也比 EPROM 多，目前得到了广泛的使用。

现以容量较小的 27C16 芯片为例来说明 EPROM 的使用方法。27C16 芯片容量为 2K × 8位，采用 24 脚双列直插式封装，芯片的上方开有一个透明的石英玻璃窗口，以便于照射紫外线，擦除不用的信息，经过擦除后又可以进行重写。

27C16 为 MOS 型 EPROM，采用 5V 单电源供电，输入、输出电平与 TTL 兼容，其引脚排列图和内部结构框图如图 8-4 所示。

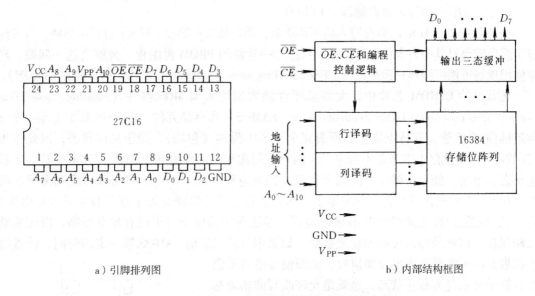

a) 引脚排列图   b) 内部结构框图

图 8-4 EPROM 27C16 引脚排列图和内部结构框图

其寻址方式采用的是二维寻址方式。存储矩阵为 128 行 × 128 列，具有 16384 个存储单元，2048 个字（称为 2K），需 11 条地址线 $A_0 \sim A_{10}$，其中 $A_4 \sim A_{10}$ 用作行地址，译码后输出 128 行。存储矩阵 128 列，通过 8 个十六选一的多路选择器，获得 8 位输出。多路选择器由 4 个列地址输入信号 $A_0 \sim A_3$ 控制，称为列地址译码器。被选中的字经输出三态缓冲器输出。

当需要对 27C16 进行擦除操作时，可用紫外线照射，经过擦除后的芯片全部存储单元存储的数据为 1。

另外，应在已编程的 27C16 的石英窗口上覆盖不透明的胶粘纸，以防止日光或其他光源中的紫外线使存储内容日久消失，造成故障。

常见的 EPROM 还有 27C32（4K × 8 位）、27C64（8K × 8 位）、27C128（16K × 8位）等。

（四）用 ROM 实现组合逻辑函数

ROM 的最大应用是在微处理机和计算机系统中作程序存储器和存放数学用表的存储器等，这方面的应用请参阅有关资料。下面我们讨论用 ROM 实现组合逻辑函数的方法。

从表 8-1 可以看出，如果把 ROM 的地址输入 A_1、A_0 看做输入逻辑变量，把数据输出 D_0、D_1、D_2、D_3 看做一组输出逻辑变量，那么，图 8-1 所示的 ROM 就实现了 4 个二变量逻辑函数：

$$D_0 = F_0(A_1, A_0) = \overline{A_1}\,\overline{A_0} + \overline{A_1}A_0$$

$$D_1 = F_1(A_1, A_0) = \overline{A_1}A_0 + A_1A_0$$

$$D_2 = F_2(A_1, A_0) = \overline{A_1}\,\overline{A_0} + A_1\overline{A_0} + A_1A_0$$

$$D_3 = F_3(A_1, A_0) = \overline{A_1}A_0 + A_1A_0$$

由此可见，ROM 可以用来实现组合逻辑函数。从图 8-1 结构图还可以看出，地址译码器的输出包含了输入逻辑变量的所有最小项，而每一位输出都是这些最小项中的某几项之和，因此可以理解为，ROM 是以最小项表达式的方式实现逻辑函数的。

对于用 ROM 实现组合逻辑函数，可以归纳出：

1）ROM 的地址线根数 m = 输入逻辑变量个数。

2）ROM 的输出位数（字长）k = 逻辑函数个数。

3）ROM 的容量 $= 2^m \times k$ 位。

【例 8-1】　　用 EPROM27C16 将两位十进制数（8421BCD 码）转换成 7 位二进制数。

解：输入为两位 8421BCD 码，即 $m = 8$，而 27C16 有地址线 11 根，可将 A_{10}、A_9、A_8 接 0，即仅用 27C16 起始部分的一些存储单元。两位十进制数 00 ~ 99 所对应的二进制数为：0000000 ~ 1100011，因此输出需要 7 位，即 $k = 7$，而 27C16 字长有 8 位，最高位 D_7 可以不用，接法如图 8-5 所示，27C16 存储内容表如表 8-2 所示。此表实际上也是 7 位输出的真值表，把表中的内容写入 27C16 中，则图 8-5 就可以将两位 8421BCD 码转换成 7 位二进制数。用 27C16 还可方便地实现对数、指数、开方等复杂的转换。

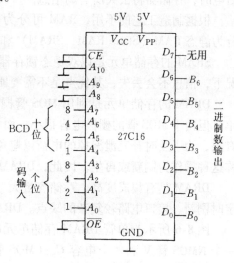

图 8-5　27C16 接法

表 8-2　27C16 存储内容表

十进制数	地 址											内 容							
	A_{10}	A_9	A_8	A_7	A_6	A_5	A_4	A_3	A_2	A_1	A_0	D_7	D_6	D_5	D_4	D_3	D_2	D_1	D_0
00	0	0	0	0	0	0	0	0	0	0	0	×	0	0	0	0	0	0	0
⋮				⋮											⋮				
09	0	0	0	0	0	0	0	1	0	0	1	×	0	0	0	1	0	0	1
无意义	0	0	0	0	0	0	0	1	0	1	0	×	×	×	×	×	×	×	×
⋮															⋮				

（续）

十进制数	地址											内容							
	A_{10}	A_9	A_8	A_7	A_6	A_5	A_4	A_3	A_2	A_1	A_0	D_7	D_6	D_5	D_4	D_3	D_2	D_1	D_0
无意义	0	0	0	0	0	0	0	1	1	1	1	×	×	×	×	×	×	×	×
10	0	0	0	0	0	0	1	0	0	0	0	×	0	0	0	1	0	1	0
⋮					⋮										⋮				
19	0	0	0	0	0	0	1	1	0	0	1	×	0	0	1	0	0	1	1
⋮					⋮										⋮				
99	0	0	0	0	0	0	1	1	0	0	1	×	1	1	0	0	0	1	1
无意义	0	0	0	1	0	0	1	1	0	1	0	×	×	×	×	×	×	×	×
⋮					⋮										⋮				
无意义	0	0	0	1	1	1	1	1	1	1	1	×	×	×	×	×	×	×	×

二、随机存取存储器

随机存取存储器也称为随机读/写存储器，简称 RAM，它在工作时可以随时根据地址信号从存储单元中读取或写入数据，主要优点是读、写方便，使用灵活，缺点是它的易失性，断电时，存储器将丢失所有的信息。

根据制造工艺的不用，RAM 可分为 TTL 型和 MOS 型。根据工作原理不同，RAM 又可分为静态 RAM（Static RAM，SRAM）和动态 RAM（Dynamic RAM，DRAM）。

SRAM 的存储单元是以双稳态锁存器或触发器为基础构成的，在供电电源保持供电的情况下，信息不会丢失，其优点是不需要刷新，缺点是集成度较低。

DRAM 的存储单元是利用 MOS 管栅极电容可以存储电荷的原理制成的，其电路结构简单，但由于 MOS 管的栅极电容很小，而 MOS 管的漏电流不可能为 0，所以电荷的存储时间有限，为了及时补充泄漏掉的电荷以避免存储信号的丢失，需要定时给栅极电容充电，通常称这种操作为刷新或再生。因此，DRAM 电路必须辅以刷新电路。

DRAM 具有集成度高、存储容量大（可达 1Gbit 以上）、功耗低等优点，但也存在需要定时刷新、接口电路较复杂的缺点。DRAM 刷新的间隔通常为几微秒至几毫秒。

图 8-6 所示为单管 DRAM 存储单元电路，它由一个 NMOS 管 V 和一个电容 C_S（MOS 管的栅极电容）组成，C_B 为位线上的负载电容。数据保存在 C_S 中，V 起门控作用，控制数据的写入或读出。

当进行写操作时，字线为高电平，使 V 导通，位线上的电压通过 V 对电容 C_S 充电，即位线上的数据通过 V 被存入 C_S；当进行读操作时，字线同样为高电平，V 导通，C_S 经过 V 向位线上的电容 C_B 提供电荷，使位线获得读出的信号电平。

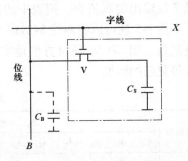

图 8-6　单管 DRAM 存储单元电路

由于在实际的存储器电路中位线上总是同时接有很多存储单元，使 $C_B \gg C_S$，所以，位线上读出的电压信号很小，同时，读出一次数据后，C_S 上电荷要少很多，这是一种破坏性读出。因此，需要在 DRAM 中设置灵敏的读出放大器，一方面将读出信号加以放大，另一方面将存储单元中原来的信号恢复。

三、快闪存储器

使用广泛的快闪存储器也是一种可电擦写的存储器，简称闪存。从基本工作原理上来看，它属于 ROM 型存储器，但它可以轻易地随时改写数据信息，所以从功能上它又相当于 RAM。闪存本质上是一种可读写的存储器，具有比 RAM 更高的密度，并且具有良好的非易失性，不需要像 RAM 那样经常刷新来保存数据。闪存在断电的情况下，存储的信息可以继续保存。

闪存是一种理想的大容量、非易失性和可读写的存储器，且读写方便，读写速度也较快，但低于 RAM 的存取速度。目前闪存已大量应用在 U 盘、存储卡和微硬盘中。

第二节　可编程逻辑器件（PLD）

前面各章介绍了各种不同类型的中小规模集成电路，包括集成逻辑门、集成组合逻辑电路（如译码器、编码器、数据选择器、数值比较器和加法器等）、集成时序逻辑电路（如锁存器、触发器和通用计数器）等。这些集成电路具有固定不变的逻辑功能，一个复杂的数字逻辑电路可以利用这些基本模块像搭积木一样，自底向上层层堆砌，通过复杂的构思和设计，再通过不断的调试和修改，最终完成系统的整体设计，其设计过程复杂，设计构思必须非常巧妙，否则常常不能实现预期的功能。这种设计方式在设计复杂的数字逻辑电路时，其设计、修改、调试十分困难，设计文档杂乱庞大，不易管理，设计的可移植性差，最终的功能测试只有在设计出样机后才能进行。

可编程逻辑器件（PLD）是 20 世纪 70 年代推出的一种新型的大规模集成电路，一片 PLD 芯片中含有大量的逻辑门、触发器等资源，其内部的各种资源和金属连线都由生产厂家预先做好，本身并不具备特定的逻辑功能，但具有用户可编程实现专门应用的功能。用户利用它进行数字逻辑电路的开发时，可以借助于 PLD 开发工具对其进行"编程"或者"配置"，为其赋予一定的功能，其逻辑功能由用户编程制定。具体来说，就是由用户根据设计要求，利用硬件描述语言（Hardware Description Language，HDL）对系统的逻辑功能进行描述与编程，然后利用专用软件平台进行编译、仿真和测试，直至实现预期功能，最后利用专用设备将编程代码下载至器件中。当完成编程的器件上电工作时，器件即可按设计的功能进行工作。

与固定功能的逻辑器件相比，PLD 具有以下优点：用户可以通过 PLD 将复杂的逻辑电路"集成"在一片芯片上；不需要重新布局，就可以很容易地修改逻辑电路；用户可以借助于专用软件来设计电路，但 PLD 本身是一种硬件逻辑电路，工作速度快。

一、PLD 的发展和分类

早期的 PLD 器件只有前面介绍的 PROM、EPROM 和 EEPROM 器件，可以实现任何由"最小项表达式"表示的组合逻辑功能。由于结构的限制，它们只能完成简单的组合逻辑功能。PROM 采用熔丝工艺编程，不能重复擦写；EPROM 和 EEPROM 则可重复擦写，只不过擦写的方式与难易程度不同，均需用编程器完成。

随后，出现了结构稍微复杂一些的可编程逻辑阵列（Programmable Logic Array，PLA）器件。PLA 在结构上由一个可编程的与阵列和可编程的或阵列构成，可以实现任何用"与或表达式"表示的组合逻辑功能，但阵列规模小，编程过程复杂。PLA 采用 PROM、

EPROM 和 EEPROM 技术，既有用户可现场编程的 FPLA（Field Programmable Logic Array），也有制造商根据用户要求编程的掩膜 PLA；既有不可重复擦写的，也有可重复擦写的。

20 世纪 70 年代末，出现了可编程阵列逻辑（Programmable Array Logic，PAL）器件。PAL 内部由可编程的与逻辑阵列、固定的或逻辑阵列和输出电路三部分组成，具有多种输出结构形式，或门的输出可以通过触发器被置为寄存状态，适用于各种组合和时序逻辑电路的设计。

20 世纪 80 年代，在 PAL 的基础上，又发展了一种电可擦写的通用阵列逻辑（Generic Array Logic，GAL）器件，它采用了 EEPROM 工艺，实现了电可擦除、电可改写。GAL 器件由可编程的与逻辑阵列、固定的或逻辑阵列和可编程的输出逻辑宏单元（Output Logic Macro Cell，OLMC）三部分电路组成。可编程的输出逻辑宏单元一般包括两部分，一部分实现组合逻辑，另一部分实现时序逻辑，每个输出逻辑宏单元含一个或两个触发器。GAL 的设计具有很强的灵活性，至今仍有许多应用。

这些早期的 PLD 器件统称为简单可编程逻辑器件（Simply Programmable Logic Device，SPLD），它们的一个共同特点是工作速度较快，但由于结构较为简单，因此，只能用于实现较小规模的电路设计。

为了弥补这一缺陷，20 世纪 80 年代中期出现了扩展型的复杂可编程逻辑器件（Complex Programmable Logic Device，CPLD）和现场可编程门阵列（Field Programmable Gate Array，FPGA）。CPLD 和 FPGA 的功能基本相同，只是芯片的内部原理和结构有些差别。这两种器件兼容了各类 SPLD 的优点，具有体系结构灵活、逻辑资源丰富、集成度高以及适用范围广等特点，可实现较大规模的电路设计，编程也很灵活，具有设计开发周期短、设计制造成本低、开发工具先进、产品质量稳定以及可实时在线检验等优点，因此被广泛应用于产品的原型设计和小批量产品生产中。

因此，按照集成度和结构复杂度的不同，PLD 可以分为三大类型：简单可编程逻辑器件（SPLD）、复杂可编程逻辑器件（CPLD）、现场可编程门阵列（FPGA）。

二、SPLD 的一般结构

SPLD 的一般结构如图 8-7 所示。

图中，输入电路起缓冲作用，并形成互补的输入信号送到与阵列；与阵列接收互补的输入信号，并将它们按一定的规律连接到各个与门的输入端，产生所需与项（乘积项）作为或阵列的输入；或阵列将接收到的与项按一定的要求连接到相应或门的输入端，产生输入变量的与或函数表达式；输出电路既有缓冲作用，又提供不同的输出结构，如输出寄存器、内部反馈、输出宏单元等。其中与阵列和或阵列是基本组成部分，各种不同的 SPLD 都是在与阵列和或阵列的基础上，加上适当的输入电路和输出电路构成的。

下面以可编程逻辑阵列 PLA 为例，分析其内部结构。

PLA 将 ROM 矩阵和一些简单的逻辑门组合在一起，可实现各种组合逻辑电路的功能，可以说它是 ROM 的扩展应用。

可编程逻辑阵列（PLA）主要由三部分组成，如图 8-8 所示。

与 PROM 相似，与阵列相当于 PROM 中的译码矩阵，形成与项；或阵列相当于 PROM 中的存储矩阵，形成与项之和。但 PLA 与 EPROM 毕竟有所不同，在 PROM 中，与阵列是固定的，只有或阵列是可编程的；而在 PLA 中，为了减小阵列规模提高器件工作速度，不仅

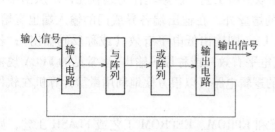

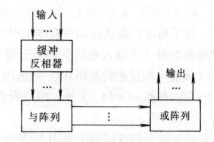

图 8-7 SPLD 的一般结构　　　　　　　　图 8-8 PLA 的组成框图

或阵列是可编程的，与阵列也是可编程的，即与门阵列不采用全译码方式，与门个数 $<2^n$（n 为输入变量个数），有几个与门，就可提供几个不同的与项。我们知道，任何逻辑函数都可以用最简的与或表达式表示，显然，利用 PLA 结构的特点来实现与或表达式是十分方便的，因为当变量加在 PLA 的输入端时，只要进行适当的设计，便可在与门阵列的输出端获得所需要的与项（乘积项），再利用或门阵列将这些与项加起来，输出就是我们所要实现的逻辑函数。

　　PLA 的编程方式有两种，一种方式是由制造商根据用户提供的真值表完成，这种 PLA 称为掩模 PLA；另一种方式是由用户自己进行编程，这种 PLA 称为现场编程 PLA，简称 FP-LA。为了方便用户选用，同时也为了降低成本，FPLA 被预制成系列化的定型产品，并且用输入项数（即输入变量数）、与阵列输出端数（即可产生的与项数）、或阵列输出端数（即输出变量数）三者的乘积表示其规格。图 8-9 表示的是一个 $16 \times 48 \times 8$ 的 FPLA，它有 16 个

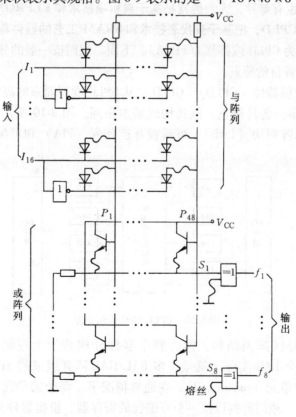

图 8-9 一个 $16 \times 48 \times 8$FPLA

输入，48 个与项，8 个输出，该 FPLA 基于双极型工艺，以熔丝作为编程元件。从图中可以看出，除了与阵列和或阵列中有供编程用的熔丝外，在输出端各异或门的输入端也有熔丝，该熔丝若熔断（该输入端悬空相当于逻辑 1），则输出低电平有效（或称反码输出）；若不熔断（该输入端接地为逻辑 0），则输出高电平有效（或称原码输出）。常见的 FPLA 规格还有 $12 \times 50 \times 6$ 和 $14 \times 48 \times 8$ 等。用户需要的逻辑电路可以很方便地利用微型计算机在软件的支持下写入 FPLA。

如果与阵列和或阵列中采用 FAMOS 管和 EPROM、EEPROM 工艺或 FLASH 工艺，则可通过微型计算机在软件的支持下实现擦除和改写，如需要更改设计时，可以方便地进行逻辑功能的重新写入。

三、CPLD 和 FPGA

目前，大量使用的可编程逻辑器件是 CPLD 和 FPGA，产品种类很多，均可实现任何数字逻辑功能。设计者可以利用 CPLD 和 FPGA，通过原理图输入法或硬件描述语言设计一个数字系统，使之完成特定的功能，并且能运用软件仿真的方法来验证设计的正确性。CPLD 和 FPGA 用于开发数字逻辑电路，可以缩短设计时间，减少集成电路数目和降低成本，极大地提高系统的可靠性。近年来，诞生了一些新型的 CPLD 器件和 FPGA 器件，它们集成度高，可以替代几十甚至几千块通用 IC 芯片，其单片逻辑门数已达到上百万门，可实现的逻辑功能也越来越强。

在可编程逻辑器件的发展过程中，不同厂家对新型 PLD 器件的叫法不尽相同，对 CPLD 和 FPGA 的分类标准也有差异，人们**通常把基于乘积项技术和 EEPROM 工艺或 Flash Memory 工艺的器件称为 CPLD，把基于查找表技术和 SRAM 工艺的器件称为 FPGA**（也有些资料将这两种器件都称为 CPLD 或都称为 FPGA）。下面，我们按一般的分类方法，分别介绍这两种可编程逻辑器件各自的特点。

1. 复杂可编程逻辑器件（CPLD）　CPLD 是从 SPLD 发展而来的高密度 PLD 产品，目前 CPLD 的产品种类繁多，各具特色，但其构成基本相同。图 8-10 所示为 CPLD 的结构示意图，它由若干个逻辑阵列块（LAB）、可编程互连阵列（PIA）和可编程的输入/输出模块（IOB）组成。

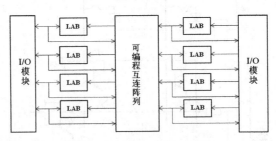

图 8-10　CPLD 的结构示意图

CPLD 大都采用分区阵列结构，即将整个器件分成若干个逻辑阵列块（Logic Array Block，LAB），每一个 LAB 实际上就是许多 PAL/GAL 阵列组成的 SPLD 组合，这些 PAL/GAL 阵列常被称为宏单元（macro cell）。在通常情况下，每个宏单元包括可编程的与门阵列、乘积项选择矩阵、或门阵列以及一个可编程的寄存器。根据器件类型的不同，CPLD 中可以包含 2～64 个相同的 LAB，可以容纳上万个等效的宏单元。

这些 LAB 经过内部的可编程互连阵列（Programmable Interconnect Array，PIA）进行互连，从而实现比较复杂的逻辑功能。

可编程的输入/输出模块（Input/Output Block，IOB）允许每个 I/O 引脚单独配置成输入、输出或双向工作方式。所有 I/O 引脚都有一个三态缓冲器，它可以由某个全局输出使能信号控制，也可以把使能端直接连接到地或电源上。

CPLD 一般采用 CMOS 工艺和 EEPROM 或 Flash Memory 等先进技术、具有密度高、速度快和功耗低等性能。采用 CPLD 设计数字系统，可以使系统性能更优越。

2. 现场可编程门阵列（FPGA）　FPGA 是另一种重要的可编程逻辑器件。FPGA 在原理上与 CPLD 不同，FPGA 的内部不使用 PAL/GAL 类型的逻辑，许多 FPGA 都使用查找表（Look – Up Table，LUT）这种存储器型的逻辑块，并包括小规模的门阵列和触发器电路，代替了 CPLD 中的与或逻辑结构，同时，因为 FPGA 含有更多的逻辑块，含有更多的互连单元，它使用与 CPLD 不同的可编程互连工艺，从而提供更灵活的布线功能，因而 FPGA 显得更为灵活。

查找表本质上就是一个 RAM。目前 FPGA 中多使用四输入的 LUT，所以每一个 LUT 可以看成一个有 4 位地址线的 16×1 的 RAM。当用户通过原理图或 HDL 语言描述了一个逻辑电路以后，FPGA 开发软件会自动计算逻辑电路的所有可能的结果，并把结果事先写入 RAM。这样，**每输入一个信号进行逻辑运算就等于输入一个地址进行查表，找出地址对应的内容，然后输出即可**。

FPGA 主要由可配置逻辑块（Configurable Logic Block，CLB）、输入/输出模块（Input/Output Block，IOB）和可编程互连线（Programmable Interconnect，PI）组成。

可配置逻辑块（CLB）是 FPGA 的基本结构单元，能够实现逻辑函数。CLB 一般由函数发生器、数据选择器、触发器和信号变换电路等部分组成。例如，在 Xilinx 公司的 Spartan – Ⅱ 型号的 FPGA 中，一个 CLB 包括两个 SLICE（SLICE 是组成 CLB 的基本单元），每个 SLICE 包括两个 LUT、两个触发器和相关逻辑。SLICE 可以看成是 Spartan – Ⅱ 实现逻辑的最基本的结构。在通常情况下，FPGA 中的逻辑单元通过查找表的功能来实现组合逻辑函数，查找表实际上取代了 CPLD 中与门/或门阵列。

输入/输出模块（IOB）分布于器件四周，提供内部逻辑与外围引脚间的连接。

可编程互连线（PI）由许多金属线构成，以提供高速可靠的内部连接，将 CLB 之间、CLB 和 IOB 之间连接起来构成复杂逻辑。

实际的 FPGA 中有很多个查找表用来配置可编程互连线的连接以及控制 I/O 引脚的连接。

3. CPLD 和 FPGA 的比较　CPLD 和 FPGA 的产品种类较多，均能实现各种逻辑功能，用于开发各类数字系统，但它们又有各自的特点：

1）CPLD 更适合完成各种算法和组合逻辑，FPGA 更适合于完成时序逻辑。

2）在编程上 FPGA 比 CPLD 具有更大的灵活性。CPLD 通过修改具有固定内连电路的逻辑功能来编程，FPGA 主要通过改变内部连线的布线来编程；FPGA 可在逻辑门上编程，而CPLD 是在逻辑块上编程。

3）FPGA 的集成度比 CPLD 高，具有更复杂的布线结构，能实现更复杂的逻辑功能。

4）CPLD 比 FPGA 使用起来更方便。CPLD 的编程采用 EEPROM 或 FLASH 技术，无需外部存储器芯片，使用简单。而 FPGA 的编程信息需存放在外部存储器上，使用方法复杂。

5）CPLD 的速度比 FPGA 快，并且其传输时间具有较大的可预测性。这是由于 FPGA 是门级编程，并且基本逻辑单元之间采用分布式互联；而 CPLD 是逻辑块级编程，其内连电路是固定的。

6）在编程方式上，CPLD 主要是基于 EEPROM 或 FLASH 存储器编程，编程次数可达上万次，优点是系统断电时编程信息也不丢失。FPGA 大部分是基于 SRAM 编程，编程信息在系统断电时丢失，每次上电时，需从器件外部将编程数据重新写入 SRAM 中。其优点是可以编程任意次，并可在工作中快速编程。

7）CPLD 保密性好，FPGA 保密性差。

因为 CPLD 和 FPGA 具有各自的特点，用 CPLD 和 FPGA 设计数字系统时需要不同的逻辑设计技巧。FPGA 是细粒器件，其基本单元和路由结构都比 CPLD 的小，FPGA 是"寄存器丰富"型器件（即其寄存器与逻辑门的比例高），而 CPLD 正好相反，它是"逻辑丰富"型的，很多设计人员偏爱 CPLD 是因为它简单易用和高速的优点。CPLD 更适合逻辑密集型应用，而 FPGA 则更适用于寄存器密集型设计。

数字系统的设计人员可以采用各种结构的芯片来完成同一逻辑功能，设计时需要在设计规模、速度、芯片价格及系统性能要求等方面进行平衡，选择最佳结果。设计者选定 CPLD 或 FPGA 器件、确定硬件方案后，再根据设计要求，采用硬件描述语言 VHDL 对系统的逻辑功能进行描述与编程，然后利用专用软件平台进行编译、仿真和测试，直至实现预期功能，完成设计。最后利用专用设备将编程代码下载至器件中，即完成了系统样机的制作。如何使用硬件描述语言进行 PLD 器件的设计，可查阅其他资料及有关书籍。

本 章 小 结

本章介绍了半导体存储器件的工作原理和应用场合，介绍了可编程逻辑器件（PLD）的内部结构、分类和应用场合，介绍了 PROM、EPROM、PLA 编程的原理以及用 EPROM 实现组合逻辑函数的方法。

半导体存储器可分为只读存储器（ROM）、随机存取存储器（RAM）和快闪存储器（FLASH）三种类型。ROM 包括固定 ROM、可编程 ROM（PROM）、可擦除可编程 ROM（EPROM）、电可擦除可编程 ROM（EEPROM）等类型；随机存取存储器包括静态 RAM（SRAM）、动态 RAM（DRAM）两类；快闪存储器又称为 Flash Memory。

电路通电运行时，三种半导体存储器的工作情况如下：ROM 存储的内容只能读取不能写入，断电后其存储的内容可长期保存；RAM 存取的内容可随时读出或写入，但断电后其存储的内容将消失；FLASH 存储的内容可随时读出或写入，其缺点是存取速度比 RAM 慢，但断电后其存储的内容仍可长期保存，因此，FLASH 具有 ROM 和 RAM 的共同特点。

可编程逻辑器件（PLD）包括简单可编程逻辑器件（SPLD）、复杂可编程逻辑器件（CPLD）和现场可编程门阵列（FPGA）三种类型。

从工作原理来看，PROM、EPROM、EEPROM 均可看做是 SPLD 器件，SPLD 器件还包括 PLA、PAL、GAL 等器件，它们的共同特点是可以编程实现速度特性较好的各类逻辑功能，但由于结构较为简单，因此，只能用于实现较小规模的电路设计。

CPLD 和 FPGA 是两种新型的 PLD 器件。通常把基于乘积项技术（与或逻辑阵列）和 EEPROM 工艺或 Flash Memory 工艺的器件称为 CPLD，把基于查找表技术和 SRAM 工艺的器件称为 FPGA。CPLD 更适合完成各种算法和组合逻辑，FPGA 更适合于完成时序逻辑。

用 PLD 器件设计逻辑电路时，需采用硬件描述语言 VHDL 对系统的逻辑功能进行描述与编程，然后利用专用软件平台进行编译、仿真和测试，最后利用专用设备将编程代码下载至器件中，完成系统的设计。

练 习 题

一、填空题

1. 半导体存储器按存取特点可以分为三类，分别是_____、_____和_____。

2. 电可擦除可编程只读存储器的英文缩写为_____。

3. 在三种半导体存储器中，所存储的内容具有易失性的存储器是_____，具有非易失性的是_____和_____。

4. 可编程逻辑器件 PLD 包括_____、_____和_____三种类型。

5. 通常把基于乘积项技术（与或逻辑阵列）和 EEPROM 工艺或 Flash Memory 工艺的器件称为_____，把基于查找表技术和 SRAM 工艺的器件称为_____。

6. CPLD 和 FPGA 中，_____更适合完成各种算法和组合逻辑，_____更适合于完成时序逻辑。

二、判断题

1. EPROM 是半导体存储器，不是 PLD 器件。　　　　　　　　　　　　（　　）

2. EPROM 和 EEPROM 可以编程实现某些组合逻辑功能。　　　　　　（　　）

3. CPLD 器件属于可编程逻辑器件，FPGA 不属于可编程逻辑器件。　（　　）

4. FPGA 中的逻辑单元通过查找表的功能来实现组合逻辑函数，查找表本质上就是一个 RAM，输入信号进行逻辑运算就等于输入地址进行查表。　　　　　　　（　　）

5. 用 PLD 器件设计逻辑电路时，需要采用硬件描述语言 VHDL 对系统的逻辑功能进行描述与编程。　　　　　　　　　　　　　　　　　　　　　　　　　　（　　）

三、单项选择题

1. 存储容量为 8K×8 位的 ROM 存储器，其地址线为（　　　）条。
A. 8　　　　　　　B. 12　　　　　　　C. 13　　　　　　　D. 14

2. 可以在线按地址随机读出信息和写入信息的存储器为（　　　）。
A. RAM　　　　　B. ROM　　　　　C. PROM　　　　　D. EPROM

3. 一片 ROM 有 n 根地址输入线，m 根位线输出，则 ROM 的容量为（　　　）。
A. $2^n \times m$　　　B. $n \times m$　　　C. $2^n \times 2^m$　　　D. $2^m \times n$

4. 一个 6 位地址码、8 位输出的 ROM，其存储矩阵的容量为（　　　）。
A. 48　　　　　　B. 64　　　　　　C. 512　　　　　　D. 256

5. 下列器件中，属于 SPLD 的是（　　　）。
A. ROM　　　　　B. PAL　　　　　C. CPLD　　　　　D. FPGA

四、计算分析题

1. 若存储芯片的容量为 128K×8 位，求：

1）访问芯片需要多少位地址？

2）假定该芯片在存储器中的首地址为 A00000H，末地址为多少？

2. 试用 EPROM 实现一组逻辑函数：

$$Y_1 = ABC + ABD + ACD + BCD$$

$$Y_2 = \overline{A}\,\overline{B}\,\overline{C} + \overline{A}\,\overline{B}\,D + \overline{A}\,C\,\overline{D} + \overline{B}\,C\,\overline{D}$$

$$Y_3 = ABCD + \overline{A}\,\overline{B}\,\overline{C}\,\overline{D}$$

$$Y_4 = ABCD$$

指出需要多大容量的 EPROM，并且列出存储矩阵的存储内容表（参见例 8-1 表 8-2）。

附 录　部分新旧逻辑单元图形符号对照

国家标准符号	名称与说明	旧　符　号
	与门	
	或门	
	非门（反相器） 用逻辑非符号表示只有输入为"1"状态，输出才为"0"状态，或反之	
	非门（反相器） 用极性指示符号表示只有输入为高电平，输出才为低电平，或反之	
	缓冲器	
	缓冲器（3S）	
	与非门	
	或非门	
	异或门	

（续）

国家标准符号	名称与说明	旧 符 号
$=1$	异或非门	$\oplus$
&	与非门（OC）	（CT）
& ≥1	与或非门	$+$
& ∫	与非门 有施密特触发器	∫
& E	（与）扩展器	EX
右 ∣E & ∇1 左	与或非门（可扩展）	$+$
右 & ∣E ∇1 左	扩展器（与或）	$\overline{EX}$ EX
Σ CI CO	全加器	F C_n Q FC_{n+1} A B
EN ▽	双向开关	S W
1S C1 1R	RS 触发器	$\overline{Q}$ Q R S CP

（续）

国家标准符号	名称与说明	旧　符　号
	D 触发器	
	JK 触发器	

参 考 文 献

[1] 阎石．数字电子技术基本教程［M］．北京：清华大学出版社，2007．

[2] 高建新．数字电子技术［M］．北京：机械工业出版社，2006．

[3] Nigel P Cook．实用数字电子技术［M］．施慧琼，李黎明，译．北京：清华大学出版社，2006．

[4] 刘皖，何道君，谭明．FPGA 设计与应用［M］．北京：清华大学出版社，2006．

[5] 沈任元．数字电子技术基础［M］．北京：机械工业出版社，2012．

[6] 赵明富．EDA 技术与实践［M］．北京：清华大学出版社，2005．

[7] 王家继．脉冲与数字电路［M］．北京：高等教育出版社，1992．

[8] 张建华．数字电子技术［M］．北京：北京理工大学出版社，1991．

[9] 肖雨亭．数字电子技术［M］．北京：机械工业出版社，1996．

[10] 魏立君．CMOS 4000 系列 60 种常用集成电路的应用［M］．北京：人民邮电出版社，1993．

[11] 崔忠勤．TTL CMOS 电路［M］．北京：电子工业出版社，1991．

[12] 中国集成电路大全编写委员会．CMOS 集成电路［M］．北京：国防工业出版社，1985．

[13] 秦曾煌．电工学［M］．4 版．北京：高等教育出版社，1990．

[14] 周良权，方向乔．数字电子技术基础［M］．北京：高等教育出版社，1994．

[15] 李士雄，丁康源．数字集成电子技术教程［M］．北京：高等教育出版社，1993．

[16] 相田泰志．CMOS 器件手册［M］．庞振泰，等译．北京：清华大学出版社，1997．